700만이 뽑은
초간단
인생 요리
120

이렇게 쉽고 맛있는 요리는 처음이야

700만이 뽑은 초간단 인생요리 120

초판 1쇄 발행 2019년 3월 5일
초판 11쇄 발행 2025년 1월 20일

지은이 만개의 레시피
펴낸이 이인경
총괄 이창득
기획 고수정
검수 윤미영
편집 최원정
디자인 이성희

펴낸곳 ㈜이지에이치엘디   주소 서울특별시 금천구 가산디지털1로 145, 1106호
전화 070-4896-6416   팩스 02-323-5049   이메일 help@10000recipe.com
홈페이지 www.10000recipe.com   인스타그램 @10000recipe   유튜브 www.youtube.com/c/10000recipeTV
네이버TV tv.naver.com/10000recipe   페이스북 www.facebook.com/10000recipe

출판등록 2018년 4월 17일

사진 박형주, 윤성근(Yul studio, 02-545-9908)
푸드 스타일링 오정화, 정지원
조리 노고은   조리 어시스트 이승유, 김선주

인쇄 ㈜홍인그룹

ISBN 979-11-964370-1-5   13590

이렇게 쉽고 맛있는 요리는 처음이야

700만이 뽑은

초간단 인생 요리 120

만개의 레시피 지음

만개의레시피

만드는 건
간단해도
맛은 최고!

요리, 어렵게 할
필요 없어요.

만들기는 쉬운데 맛은 제대로인 역대급 평점 레시피 공개

"진짜 맛있는데 의외로 간단하네?" 하는 요리들이 있죠? 10만 레시피 중 만개의 레시피 회원들이 먹어보고 극찬한 역대급 초간단 요리만을 뽑았습니다. 시간이 없어도, 요리를 잘 몰라도 괜찮아요. 영양도, 맛도, 플레이팅도 뭐 하나 빠지지 않는 초간단 요리로 오늘도 소확행 하세요.

요알못, 자취생, 맞벌이 부부를 위한 만개의 레시피의 끼니 해결 프로젝트

퇴근 후 지쳐 있을 때 휘리릭! 만드는 한 그릇 요리! 갑작스런 손님에게 '뚝딱' 만들어 대접하는 럭셔리 요리! 아무것도 하기 싫을 때 불 쓰지 않고 순식간에 만드는 요리! 실패할 염려 없는 맛보장 초간단 요리로 이제, 힘들이지 않고 매일매일 근사한 식탁을 차려보세요.

'요알못'을 위한 특급 처방전

시간 들이지 않고, 재료를 이것저것 사지 않아도 되는 초간단 레시피만 있으면 요리 왕초보가 만들어도 정말 맛있답니다. 반찬이 필요 없는 국, 찌개 요리 몇 가지만 알아도, 냉장고에 쟁여두고 먹는 초간단 반찬 몇 가지만 있어도, 건강한 한 끼를 즐길 수 있어요.

꽤 근사한 뚝딱 요리

심플한 재료로 고급스럽게 만드는 가성비 갑 요리! 특별한 날, 분위기 내고 싶은 날 어울리는 '있어빌리티' 요리들도 모았어요. '내가 만든 거 맞아?' 할 정도로 근사한 손님요리도 후다닥! 만들 수 있어요. 초간단 고기요리로 생색도 내고, 뚝딱 디저트로 분위기도 내보세요.

사 먹는 음식이 지겨울 때, 빠르게 차려 먹는 특별 메뉴!

이 책에는 짧은 시간에 최소의 재료로 최고의 맛을 내는 레시피가 가득해요. 초간단 레시피로 배달음식보다 빠르게, 간편하지만 특별한 음식 완성! 나를 사랑하는 기술, 스피드 요리법으로 힘 불끈 나는 하루 시작하세요.

이 책으로 여러분의 쿠킹라이프가 더욱 풍요로워지길 바랍니다.
만개의 레시피는 늘 여러분과 음식으로 소통하고, 마음을 나누겠습니다.
감사합니다.

만개의 레시피 요리팀

만개의레시피
Contents

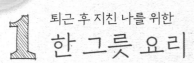

1 퇴근 후 지친 나를 위한
한 그릇 요리

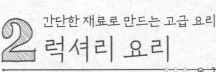

2 간단한 재료로 만드는 고급 요리
럭셔리 요리

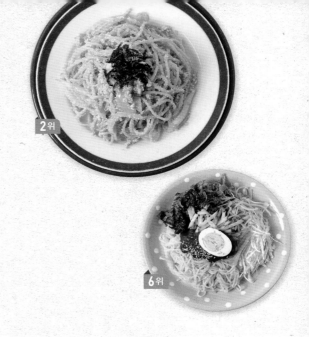

5 냉장고에 쟁여두고 먹는
초간단 반찬

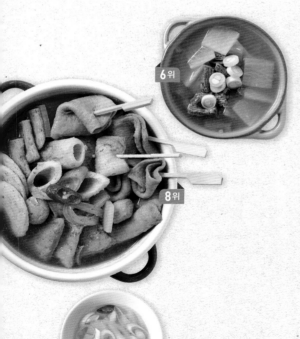

6 반찬이 필요 없는
국, 찌개 요리

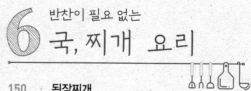

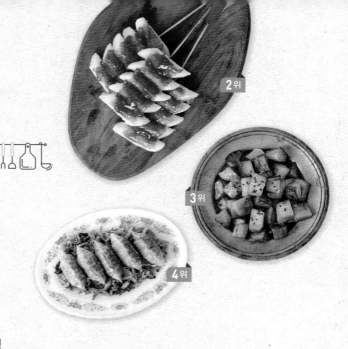

밥보다 빵이 좋아! 식빵, 바게트를 활용한

11 빵 요리

8위

맛있게 먹기엔 24시간이 모자라

12 편의점 요리

7위

요리하기 전
알아두면 좋아요

Leafy Greens
↳ magnesium
folate

Yum

good for your mood

Salmon
↳ Omega-3 fat

진짜 쉬운데 제법 근사한 한 상 차림

1 손님맞이 걱정 날려버릴 집들이 한 상

집들이가 고민이라고요? 간단 요리로 근사하게 차려볼까요?
진짜 쉽지만 보기에도 예쁘고 맛도 좋은 집들이 한 상이에요.

밀푀유나베 070쪽

매운콩나물잡채 182쪽

훈제오리무쌈말이 066쪽

2 집에서도 멋진 파티를! 홈파티 한 상

요즘 트렌드는 홈파티! 집에서 편안하고 간단하게 즐기는 파티 메뉴를 소개합니다.
홈파티족에게 딱이에요.

감바스 알 아히요 058쪽

베이컨치즈떡말이 180쪽

토마토카프레제 260쪽

3 사랑하는 연인과 달콤한 시간! 커플 한 상

결혼기념일, 커플기념일을 맞이한 연인이나 부부라면?
집에서 레스토랑보다 근사한 분위기를 연출해봐요.

찹스테이크 060쪽

봉골레파스타 250쪽

가지말이샐러드 258쪽

4 후다닥 차려 든든하게! 건강 집밥 한 상

사 먹는 음식이 지겨울 때, 간단하게 후다닥 차려 먹는 특별 메뉴!
간편하지만 건강한 집밥 만들어 먹어요.

콩나물불고기 104쪽

달걀국 194쪽

맛살버섯볶음 142쪽

🍚 밥숟가락으로 계량하기

📋 가루류 계량하기

설탕 1숟가락: 숟가락에 수북이 떠서 위로 볼록하게 올라오도록 담아요.

설탕 ½숟가락: 숟가락에 절반 정도만 볼록하게 담아요.

설탕 ⅓숟가락: 숟가락에 ⅓정도만 볼록하게 담아요.

📋 액체류 계량하기

간장 1숟가락: 숟가락에 한가득 찰랑거리게 담아요.

간장 ½숟가락: 숟가락에 가장자리가 보이도록 절반 정도만 담아요.

간장 ⅓숟가락: 숟가락에 ⅓ 정도만 담아요.

📋 장류 계량하기

고추장 1숟가락: 숟가락에 가득 떠서 위로 볼록하게 올라오도록 담아요.

고추장 ½숟가락: 숟가락에 절반 정도만 볼록하게 담아요.

고추장 ⅓숟가락: 숟가락에 ⅓ 정도만 볼록하게 담아요.

종이컵으로 계량하기

육수 1종이컵: 종이컵에 찰랑거리게 담아요.

밀가루 1종이컵: 종이컵에 가득 담고 자연스럽게 윗면을 깎아요.

콩 1종이컵: 종이컵에 가득 담고 윗면을 깎아요.

손으로 계량하기

시금치 1줌: 손으로 자연스럽게 한 가득 쥐어요.

부추 1줌: 500원 동전 굵기로 자연 스럽게 쥐어요.

약간: 엄지손가락과 둘째 손가락으로 살짝 쥐어요.

100g 계량하기

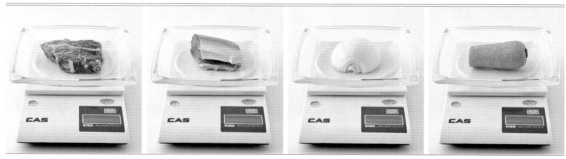

육류: 손바닥 크기 (사방 5cm × 두께 2cm)

생선: 고등어 1토막

둥근 채소: 양파 1/2개

긴 채소: 당근 1/2개

재료 써는 법

통썰기

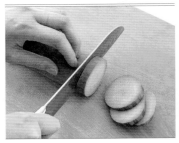

재료 모양 그대로 썰어요. 예 애호박전, 오이무침을 만들 때 써요.

채썰기

통썰기 한 후 일정한 간격으로 얇게 썰어요. 예 무생채, 잡채를 만들 때 써요.

막대썰기

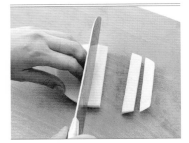

통썰기 한 후 막대 모양이 되도록 일정한 간격으로 썰어요. 예 장아찌, 피클을 만들 때 써요.

깍둑썰기

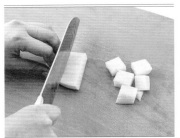

막대썰기 한 후 정사각형이 되도록 일정한 간격으로 썰어요. 예 카레, 깍두기를 만들 때 써요.

나박썰기

막대썰기 한 후 옆으로 돌려 일정한 간격으로 썰어요. 예 나박김치, 뭇국을 만들 때 써요.

어슷썰기

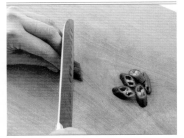

긴 재료를 비스듬히 썰어요. 예 대파, 오이, 고추를 손질할 때 써요.

반달썰기

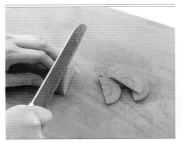

길고 둥근 모양의 재료를 세로로 길게 반 가른 후 일정한 간격으로 썰어요. 예 애호박, 당근, 감자 등을 썰어 찌개나 탕에 넣을 때 써요.

돌려깎아 채썰기

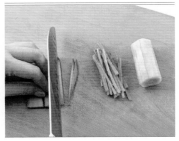

길고 둥근 모양의 재료를 5cm 정도 통썰기 한 후 껍질 부분에 칼을 넣어 돌려 깎고 채 썰어요. 예 미역냉국, 냉채를 만들 때 써요.

요리 초보의 단골 Q&A

🍩 맛술이 없을 때는 어떻게 하나요?

맛술은 육류 및 생선류의 비린내와 잡내를 없애주는 역할을 하지요. 맛술이 없을 때는 청주를 사용해요. 청주는 맛술과 달리 단맛이 덜해 맛술 대신 청주를 사용할 때는 단맛 재료를 조금 더하세요. 반대로 청주 대신 맛술을 사용하면 단맛 재료를 줄여야겠죠?

🍄 버섯은 물에 씻어야 하나요?

버섯을 물에 씻으면 맛과 향이 빠져요. 마른행주로 겉 부분만 살짝 닦아요. 마른행주가 없으면 조리 직전 살짝 씻은 후 물기를 빨리 털어내고 사용해요.

🥣 나물을 무쳤을 때는 맛있었는데 시간이 지나니 싱거워요.

나물은 미리 무쳐두면 시간이 지날수록 재료에서 수분이 빠져나가 싱거워져요. 무치기 전에 물기를 꼭 짜고 무칠 때 간을 조금 세게 해요.

🥩 고기의 누린내를 제거하고 싶어요.

먼저 고기의 핏물을 빼요. 핏물을 뺄 때는 잘게 썬 고기는 면보나 키친타월로 가볍게 눌러주고, 덩어리 고기는 찬물에 20~30분 정도 담가야 고기의 맛이 빠지지 않고 핏물이 빠져요. 파, 마늘, 생강, 양파와 같은 향신 채소를 넣거나 양념에 청주, 맛술을 더해도 좋아요.

🧁 진간장, 양조간장, 국간장, 조선간장의 다른 점은 뭐지요?

진간장과 양조간장은 거의 같은 간장을 말해요. 진간장은 짠맛이 덜하고 색이 진하고 단맛이 나는 게 특징이에요. 보통 열을 가하는 조림, 볶음, 찜, 구이에 사용해요. 양조간장은 진간장과 염도는 거의 비슷하나 생으로 먹기가 좋아요. 양념장, 회간장 등에 사용해요. 국간장은 조선간장이라고도 불리며 진간장보다 색이 옅고 짠맛이 강해요. 보통 찌개, 국, 나물 무침에 사용해요.

🍎 설탕, 물엿, 올리고당은 어떤 차이가 있나요?

설탕이 가장 달고 물엿이나 올리고당은 제품에 따라 차이가 있어요. 설탕은 물기 없이 단맛을 내는 볶음이나 무침에 사용하면 좋고 물엿은 음식에 윤기를 낼 때나 깔끔한 맛을 내는 조림에 사용하면 좋아요. 올리고당은 부드러워서 초고추장, 드레싱에 사용하기 좋지요.

퇴근 후 지친 나를 위한

한 그릇 요리

피곤한 저녁, 하루 종일 지친 나를 위한 간단 요리!
영양도, 맛도, 플레이팅도 뭐 하나 빠지지 않는 한 그릇 요리로 오늘도 소확행!

참치와 마요네즈의 환상 케미

참치마요 덮밥

🥣 1인분 · ⏱ 30분

참치와 마요네즈가 만나면 그 자체로 환상적인 케미를 자랑하죠. 거기에 양파를 조려 만든
간간한 양념이 신의 한 수! 감칠맛을 더하는 양념 재료와 계란 스크램블까지 더하면
끝도 없이 들어가는 참치마요덮밥이 완성되죠. 차갑게 먹어도 맛있어 도시락 메뉴로도 좋아요.

- 밥 1공기
- 통조림 참치 1캔(150g)
- 달걀 2개
- 양파 ½개
- 쪽파 2대
- 마요네즈 약간
- 김가루 약간

참치 양념 재료
- 다진 양파 1숟가락
- 마요네즈 2숟가락

양념 재료
- 간장 2숟가락
- 맛술 2숟가락
- 올리고당 2숟가락

1

양파는 얇게 채 썰고 쪽파는 송송 썰어요.

2

볼에 기름을 뺀 참치와 참치 양념 재료를 넣고 섞어요.

3

달군 팬에 양념 재료를 넣고 한소끔 끓인 후 채 썬 양파를 넣고 중불에서 양파가 투명해질 때까지 조려요.

4

달군 팬에 식용유를 약간 두르고 달걀을 넣어 중불에서 스크램블을 만들어요.

5

tip 취향에 따라 마지막에 마요네즈를 뿌려도 좋아요.

밥 위에 ④, ③, ②를 올리고 송송 썬 쪽파와 김가루를 올려 완성해요.

여배우도 먹었다는 핫한 메뉴

아보카도 명란비빔밥

🍚 1인분 | 🕐 15분

혼자 밥 먹는 게 유독 쓸쓸하게 느껴질 때가 있잖아요. 그럴 땐 예쁘고 맛있는 요리를 만들어 먹는 게
최고예요. 초록 아보카도에 선홍빛 명란이 정갈하게 담긴 모양새가, 크리미한 아보카도와 짭조름한 명란이
뒤섞인 그 맛이, 쓸쓸한 마음 따위 물리쳐주죠. 몸과 마음을 풍족하게 해주는 요리예요.
자신에게 소중한 한 끼를 선물하세요.

- 아보카도 ½개
- 명란 ½개
- 밥 1공기
- 달걀 1개
- 김가루 약간
- 들기름 1숟가락
- 통깨 약간

1

아보카도는 반으로 잘라 씨를 빼고 껍질을 벗긴 후 채 썰어요.

2

명란은 껍질에 칼집을 내어 속을 발라내요.

3

달군 팬에 식용유를 두르고 달걀 프라이를 해요.

4

밥 위에 채 썬 아보카도, 명란, 달걀 프라이를 올리고 김가루, 들기름, 통깨를 뿌려 완성해요.

팽이버섯이 넘쳐날 땐

팽이
버섯덮밥

🍲 2인분 | ⏱ 15분

마트에서 팽이버섯을 말도 안 되게 싸게 팔 때 있잖아요. 냉장고에 남아도는 버섯이 처치곤란일 때도 있죠.
그럴 때 그냥 지나치지 말고 이 요리에 도전해봐요. 버섯만 있으면 해결되는 요리라고 해도 될 만큼
간단한 레시피랍니다. 팽이버섯 특유의 씹는 식감이 매력적인 요리죠.

- 팽이버섯 1봉지(150g)
- 밥 2공기
- 양파 1개
- 대파 ⅛대
- 달걀 2개
- 후추 약간
- 참기름 ½숟가락
- 통깨 약간

양념 재료

- 간장 2숟가락
- 맛술 2숟가락
- 물 2숟가락

1

팽이버섯은 밑동을 자르고 양파는 채 썰고 대파는 송송 썰어요.

2

달군 팬에 식용유를 두르고 달걀 프라이를 해요.

3

tip 팽이버섯은 오래 볶으면 물이 나오므로 재빨리 볶아요

달군 팬에 식용유를 약간 두르고 채 썬 양파와 팽이버섯을 중불에서 볶아요.

4

팽이버섯의 숨이 죽으면 양념 재료를 넣고 중불에서 조려요.

5

tip 쪽파를 송송 썰어 올리면 예뻐요.

밥 위에 팽이버섯볶음, 달걀 프라이를 올린 뒤 대파, 후추, 참기름, 통깨를 뿌려 완성해요.

입맛이 없을 때는 조금은 칼칼하게

고추장 참치볶음밥

🍚 1인분 ⏱ 15분

입맛이 없을 때는 약간의 자극이 필요해요. 이럴 때 고추장이 특효약이죠. 별다른 조미료나 간 없이도 고추장 하나로 매콤하고 칼칼한 요리를 만들 수 있어요. 기름에 볶은 마늘과 대파 향도 입맛을 돌게 하는 일등공신이죠. 입맛 없다고 끼니 거르지 말고 15분 안에 뚝딱 만들어봐요.

- 통조림 참치 ⅔캔(100g)
- 대파 ½대
- 달걀 1개
- 다진 마늘 ½숟가락
- 밥 1공기
- 참기름 1숟가락
- 김가루 약간
- 통깨 약간

양념 재료
- 고추장 1숟가락
- 간장 ½숟가락

1

참치는 체에 밭쳐 기름을 빼요.

2

달군 팬에 식용유를 두르고 달걀 프라이를
해요.

3

달군 팬에 식용유를 약간 두르고 다진 마늘과
송송 썬 대파를 넣어 중불에서 볶아요.

4

파 향이 올라오면 기름을 뺀 참치,
양념 재료를 넣고 중불에서 볶다가
불을 끄고 참기름을 둘러요.

5

④에 밥을 볶은 후 그릇에 담고 달걀 프라이,
김가루, 통깨를 올려 완성해요.

한 주 동안 수고한 나를 위한 주말 요리

사과카레

🍚 4인분 ⏱ 30분

카레는 끓이면 끓일수록 맛있어요. 어제 만든 카레가 오늘 더 맛난 이유죠.
그래서 카레는 주말에 더 어울리는 요리예요. 이 요리의 핵심 재료는 바로 사과.
사과에서 달콤함과 새콤함이 배어 나와 카레가 상큼해지죠.
금요일 퇴근길에 사과카레를 위한 장보기는 어떠세요?
토요일도 맛있고, 일요일은 더 맛있는 카레가 될 거예요.

- 카레가루 1봉지(100g)
- 닭가슴살 ½팩(250g)
- 사과 ½개
- 양송이버섯 5개
- 양파 1개
- 마늘 3개
- 대파 1대
- 버터 2숟가락
- 물 5종이컵

1

사과는 껍질째 두껍게 채 썰고 마늘은 얇게 썰고 대파는 어슷 썰고 양송이버섯, 양파, 닭가슴살은 채 썰어요.

2

달군 팬에 버터를 녹이고 양파, 대파, 편마늘을 넣어 중불에서 볶아요.

3

양파가 투명해지면 닭가슴살을 넣고 볶아요.

4

닭가슴살의 핏기가 없어지면 물 5종이컵을 붓고 중약불로 15분간 끓인 후 채 썬 사과를 넣어요.

5

양송이버섯과 카레가루를 넣고 중약불에서 저어가며 5분간 더 끓여 완성해요.

이국적인 분위기 물씬

태국식 돼지고기 시금치덮밥

🍚 2인분   ⏱ 15분

액젓은 태국 요리의 피시소스와 비슷한 맛을 내요. 볶음 요리에 액젓을 넣으면 동남아풍 요리를 만들 수 있죠. 이 요리의 포인트는 모든 요리를 센 불에 후닥닥 볶아내는 거예요. 그래야만 불맛이 나고 재료의 식감이 그대로 살아 있어요. 특히 시금치는 금방 숨이 죽으니 살짝만 볶는 것이 좋아요. 태국 향신료 하나 없이 태국 요리 완성이죠.

- 밥 1+½공기
- 다진 돼지고기 1종이컵
- 시금치 2줌(100g)
- 양파 ½개
- 대파 1대
- 청양고추 1개
- 맛술 1숟가락
- 후추 약간
- 달걀 2개

양념 재료

- 굴소스 1숟가락
- 멸치액젓 1숟가락
- 물 1숟가락
- 꿀 ⅓숟가락

1

양파는 잘게 다지고 대파와 청양고추는 송송 썰고 시금치는 한입 크기로 썰어요.

2

볼에 양념 재료를 넣고 양념장을 만들어요.

3

볼에 다진 돼지고기, 맛술, 후추를 넣고 버무려요.

4

달군 팬에 식용유를 두르고 달걀 프라이를 해요.

5

달군 팬에 식용유 2숟가락을 두르고 대파를 중약불에서 볶아 파기름을 만든 후 파 향이 올라오면 ③과 청양 고추를 넣고 센 불에서 3분간 볶아요.

6

다진 양파를 넣고 2분간 중약불에서 볶은 뒤 양념장을 넣고 30초간 볶아요. 그 다음에 시금치를 넣어 숨이 죽을 정도로 살짝 볶아요.

7

그릇에 밥을 담고 ⑥과 달걀 프라이를 올려 완성해요.

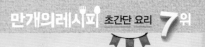

사르르 녹는 생연어를 듬뿍!

연어덮밥

🍚 1인분　⏱ 15분

연어덮밥 하면 식당에서만 먹을 수 있는 요리라 생각하기 쉬운데요. 생각보다 쉽고 간단하게
만들 수 있으니 도전해보세요. 간장을 포함한 양념 재료와 채 썬 양파를 넣고 양파가
호물해질 때까지 끓이기만 하면 이 요리의 90퍼센트는 완성이에요. 생연어를 듬뿍 올려
나만을 위한 사케동을 만들어봐요. 완성된 요리에 무순을 올리면 심야 식당 부럽지 않죠.

- 생연어 ⅔팩(150g)
- 양파 ⅔개
- 와사비 ¼숟가락
- 밥 1공기

양념 재료

- 간장 3숟가락
- 설탕 1숟가락
- 물 5숟가락
- 식초 ½숟가락
- 다진 마늘 1숟가락

1

양파는 채 썰고 생연어는 한입 크기로
썰어요.

2

팬에 양념 재료와 채 썬 양파를 넣고 양파가
흐물해질 때까지 중불로 끓인 뒤 식혀요.

3

그릇에 밥을 담고 ②와 생연어를 올려요.

4

연어 위에 채 썬 양파와 와사비를 올려
완성해요.

부드럽고 속 편한 일본식 덮밥요리

일본식 달걀덮밥

🍚 1인분   ⏱ 30분

속이 부대낄 때 위장을 편안하게 만들어주는 요리예요. 포인트는 달걀물을 젓가락으로
저어가며 80퍼센트만 익히는 거예요. 전분이 들어간 소스도 부드럽고 촉촉한 덮밥을 만들어주죠.
달걀만으로 속 편하고 맛있는 일본식 요리 완성이에요.

- 밥 1공기
- 달걀 2개
- 대파 ¼대
- 소금 약간

양념 재료

- 간장 1숟가락
- 설탕 1숟가락
- 식초 1+½숟가락
- 맛술 1숟가락
- 굴소스 ½숟가락
- 전분물 2숟가락
  (전분과 물 1:1 비율)
- 물 1종이컵

1

냄비에 전분물을 제외한 양념 재료를 넣어
중불로 가열하고 끓으면 전분물을 넣고
저어가며 걸쭉하게 끓여요.

2

대파는 다지고 볼에 달걀을 푼 후 다진 대파,
소금을 넣어 섞어요.

3

달군 팬에 식용유 1숟가락을 두른 후 ②를
붓고 중불에서 젓가락으로 저어가며
스크램블처럼 익혀요.

4

그릇에 밥과 ③을 담고 양념장 ①을 부어
완성해요.

매콤하게 비벼 먹는

애호박덮밥

🍚 1인분   ⏱ 15분

볶음이든 나물이든 그날 바로 했을 때가 가장 맛있잖아요. 애호박을 바로 볶아 덮밥으로 먹으면
훌륭한 한 끼가 될 수 있어요. 고추장과 고춧가루로 매콤하게 볶아내 칼칼하게 먹을 수 있죠.
호박을 넉넉하게 볶는다면 남는 것은 반찬으로 활용할 수도 있어요. 한 번에 끼니와 반찬을
동시에 해결할 수 있는 똑똑한 요리예요.

- 밥 1공기
- 애호박 ½개
- 양파 ⅓개
- 대파 ⅓대
- 참기름 1숟가락

양념 재료

- 고추장 ½숟가락
- 고춧가루 1숟가락
- 간장 2숟가락
- 굴 소스 1숟가락
- 다진 마늘 ½숟가락
- 물 2숟가락
- 후추 약간

1

양파와 애호박은 채 썰고 대파는 송송 썰어요.

2

볼에 양념 재료를 넣고 양념장을 만들어요.

3

달군 팬에 식용유를 1숟가락 두르고 송송 썬 대파를 넣어 약불에서 볶아요.

4

파 향이 올라오면 채 썬 양파, 애호박을 넣고 센 불에서 3분간 볶다가 양념장을 넣고 중불에서 2~3분간 더 볶은 후 불을 끄고 참기름을 넣어요.

5

밥 위에 애호박볶음을 올려 완성해요.

일본 여행 부럽지 않은

닭고기 덮밥

🍚 2인분   ⏱ 15분

오야꼬동이라고도 불리는 닭고기 요리예요. 한 그릇으로 든든하게 먹을 수 있는 일본 가정식인데요.
닭가슴살에 달걀까지 담백질이 듬뿍 들어있어 스테미너 음식으로도 손색이 없어요. 담백하면서 부드러운
맛이 특징이라 아이와 함께 먹는 식사로도 그만이죠. 누구든 좋아할 만한 매력만점 요리예요.

- 닭가슴살 ⅔팩(350g)
- 양파 ½개
- 달걀 3개
- 대파 ½대
- 밥 2공기

밑간 재료

- 맛술 1숟가락
- 소금 ½숟가락
- 후추 약간

양념 재료

- 간장 2+½숟가락
- 맛술 1숟가락
- 설탕 ½숟가락
- 물 ⅔종이컵

1

양파는 채 썰고 대파는 어슷 썰어요.

2

닭가슴살은 한입 크기로 썰어 밑간 재료를
넣고 섞어요.

3

볼에 양념 재료를 넣고 양념장을 만들어요.

4

볼에 달걀을 풀고 어슷 썬 대파를 넣어 섞어요.

5

달군 팬에 식용유를 약간 두르고
밑간 한 닭가슴살을 넣어 중불에서
볶아요.

6

닭가슴살이 반쯤 익으면 채 썬 양파,
양념장을 넣어 중불에서 한소끔 끓여요.

7

tip 쪽파를 송송
썰어 올리면 예뻐요.

달걀물 ④를 붓고 뚜껑을 덮어 2~3분간
약불에서 익힌 뒤 밥 위에 올려 완성해요.

오징어젓갈 볶음밥

🍚 1인분 | ⏱ 20분

오징어젓갈 양념이 톡톡한 맛을 내기 때문에 따로 간이 필요 없어요. '요알못'도, 주방에 양념을 쟁이기
어려운 자취생들에게도 딱이죠. 양념은 충분히 숙성되어 깊은 맛이 나고, 오징어도 야들야들한 식감을 자랑해요.
한 번 먹기 시작하면 푹 빠질 만큼 묘한 매력이 있답니다. 한 그릇 요리계의 진정한 밥도둑이죠.

- 오징어젓갈 2숟가락
- 마늘 4개
- 대파 2대
- 달걀 1개
- 밥 1공기
- 김가루 ½종이컵
- 참기름 1숟가락
- 통깨 ½숟가락

1

마늘은 편 썰고 대파는 송송 썰어요.

2

달군 팬에 식용유를 두르고 달걀 프라이를
해요.

3

달군 팬에 식용유를 두르고 편 마늘과 송송
썬 대파를 넣어 약불로 볶아요.

4

파 향이 나면 오징어젓갈, 밥을 넣고 중불로
볶아요.

5

김가루를 넣어 중불에서 살짝 볶은 후
불을 끄고 참기름과 통깨를 넣어 섞어요.

6

그릇에 ⑤를 담고 달걀 프라이를 올려
완성해요.

간단한 재료로 쓱쓱 비벼 먹는

상추 비빔밥

🍚 1인분 | ⏱ 20분

먹어도 먹어도 줄지 않는 상추가 처치 곤란일 때 이 요리 어때요? 비빔밥에 넣은 상추는
쌈으로 먹을 때와는 또 다른 맛을 내죠. 양푼에 볶음김치와 상추, 고추장을 넣고
넉넉하게 비비면 그 비주얼만으로 침이 꿀꺽 넘어가요. 푸지게 먹고 싶은 날 딱인 메뉴죠.

- 상추 8장
- 당근 ⅛개
- 김치 ½종이컵
- 밥 1공기
- 달걀 1개
- 고추장 ½숟가락
- 설탕 ¼숟가락
- 참기름 1+½숟가락

1
상추는 손으로 뜯고 당근은 채 썰고 김치는
굵게 다져요.

2
달군 팬에 식용유를 두르고 달걀 프라이를
해요.

3
달군 팬에 식용유를 약간 두르고 김치, 설탕을
넣어 중불로 볶다가 참기름 1숟가락을 넣어
김치볶음을 만들어요.

4
볼에 밥을 담고 상추, 채 썬 당근, 김치볶음,
달걀 프라이를 올린 후 고추장 ½숟가락,
참기름 ½숟가락을 넣어 완성해요.

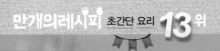

부대끼는 날 속을 편안하게

야채죽

🥣 1인분 | ⏱ 20분

소화가 잘 안 되거나 더부룩할 때 먹기 좋아요. 몇 가지 채소만 있다면 어렵지 않게 만들 수 있죠.
포인트는 마늘, 양파, 당근은 참기름에 먼저 볶고 표고버섯과 애호박은 죽 상태에서 넣은 뒤
한소끔 끓인다는 거예요. 속을 부드럽게 달래주는 포근한 음식입니다.

- 밥 1공기
- 표고버섯 2개
- 양파 ¼개
- 애호박 ¼개
- 당근 ¼개
- 참기름 1숟가락
- 다진 마늘 ½숟가락
- 물 3종이컵
- 소금 ½숟가락

1

표고버섯, 양파, 애호박, 당근은 잘게 다져요.

2

달군 팬에 참기름을 두르고 다진 마늘을
넣어 약불에서 볶아요.

3

마늘 향이 올라오면 다진 양파, 당근을 넣어
중약불로 볶다가 밥을 넣어요.

4

물 3종이컵을 붓고 저어가며 중불로 끓여요.

5

tip 취향에 따라
통깨, 김가루를
뿌려요.

밥이 적당히 퍼지면 표고버섯, 애호박을 넣어
한소끔 끓인 후 소금을 넣어 완성해요.

통통한 새우가 살아있는

새우볶음밥

🍚 2인분 ⏱ 15분

새우 덕후들의 집이라면 칵테일새우 정도는 냉동실에 쟁여두기 마련이잖아요. 새우를 듬뿍듬뿍 넣고
밥 반, 새우 반인 볶음밥을 만들어봐요. 볶음밥은 진밥보다는 고슬고슬한 밥이 더 잘 어울려요.
통통한 새우와 고슬고슬한 밥맛이 살아있는 볶음밥을 맛보세요.

- 칵테일새우 15마리
- 대파 1대
- 달걀 2개
- 밥 1+½공기
- 맛술 2숟가락

양념 재료

- 굴 소스 1숟가락
- 소금 약간
- 후추 약간

tip 맛술을 넣으면 칵테일새우의 비린내가 제거돼요.

1

대파를 송송 썰어요. 칵테일새우는 새우가 잠길 만큼 물을 붓고 맛술 2숟가락을 넣어 10~15분 담갔다가 건져요.

2

달군 팬에 식용유를 두르고 송송 썬 대파를 넣어 중약불로 볶다가 파 향이 나면 칵테일새우를 넣어요.

3

새우가 익으면 한쪽으로 밀어두고 중불에서 달걀을 스크램블 해요.

4

달걀이 80% 정도 익으면 칵테일새우, 대파와 같이 볶아요.

5

밥과 양념 재료를 넣어 센 불에서 2~3분간 더 볶아 완성해요.

만개의레시피 초간단 요리 **15**위

아무것도 하기 싫고 맛있는 건 당길 때

양파채덮밥

🍚 2인분 | 🕐 15분

별다른 재료 없이도 맛있게 먹을 수 있는 요리예요. 건새우양파볶음은 튀김과 볶음의 딱 중간 형태인데요.
기름에 바삭하게 구워진 건새우의 풍미가 살아있고, 아삭한 양파와 매콤한 청양고추도 입맛을 자극해요.
바삭바삭하면서도 촉촉해서 덮밥으로 먹기에 딱이랍니다.

- 양파 2개
- 밥 1공기
- 청양고추 1개
- 건새우 ½종이컵
- 튀김가루 ½종이컵
- 달걀 1개
- 물 ¼종이컵

양념 재료

- 간장 2숟가락
- 설탕 1숟가락
- 맛술 1숟가락
- 식초 1숟가락

1

양파는 두툼하게 채 썰고 청양고추는 송송
썰고 건새우는 다져요.

2

볼에 튀김가루, 물, 달걀을 넣고 섞은 뒤 ①을
넣어 섞어요.

3

달군 팬에 식용유를 넉넉히 두르고 ②를
넣어 중불에서 굽듯이 볶아요.

4

볼에 양념 재료를 넣고 양념장을 만들어요.

5

그릇에 밥, 건새우양파볶음을 담고 양념장을
뿌려 완성해요.

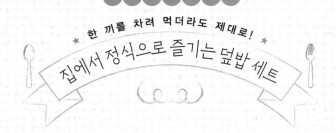

1 **참치마요덮밥** 022쪽 + **오이무침** 128쪽

자칫 느끼할 수 있는 참치마요를 상큼한 오이가 잡아줘요.

2 **애호박덮밥** 038쪽 + **달걀장조림** 132쪽

애호박의 부족한 단백질을 달걀이 채워줘 영양적 균형을 맞춰요.

태국식 돼지고기시금치덮밥032쪽 + **감잣국** 156쪽 ③

간이 센 돼지고기시금치덮밥에는 심심한 감잣국이 잘 어울려요.

팽이버섯덮밥026쪽 + **순두부찌개** 152쪽 ④

남은 자투리재료를 활용해 차리기 좋은 한 상이에요.

간단한 재료로 만드는 고급 요리

럭셔리 요리

심플한 재료로 고급스럽게 만드는 가성비 갑 요리!
특별한 날, 분위기 내고 싶은 날 어울리는 '있어빌리티' 요리들을 한자리에 모았어요.

이연복 셰프 부럽지 않은
최고급 중국요리

칠리새우

🍚 3인분 │ ⏱ 20분

중국요리를 중국집에서만 먹을 수 있다는 생각은 이제 그만! 센 불이나 무쇠 웍 없이도
가스불과 프라이팬 하나로 고급 중식당 맛을 그대로 재현할 수 있어요.
새콤달콤한 맛을 좋아한다면 양념에 케첩을 한 숟가락 더, 매운맛을 좋아한다면 양념에
핫소스를 조금 더 추가하면 자신의 입맛에 맞는 맞춤 요리를 완성할 수 있답니다.
어른아이 할 것 없이 누구나 좋아할 만한 특별 요리죠.

- 새우 20마리
- 버터 1숟가락
- 다진 마늘 1숟가락
- 고춧가루 ½숟가락
- 후추 약간
- 파슬리가루 약간

양념 재료

- 칠리소스 2숟가락
- 올리고당 2숟가락
- 간장 2숟가락
- 케첩 2숟가락

매운맛을 원한다면
핫소스를 추가해도 좋아요.

1

tip 내장은 새우 등 2~3번째 마디에 이쑤시개를 꽂아 빼내요.

새우는 내장을 빼고 머리와 껍질을 제거해요.

2

손질한 새우는 물에 2~3번 헹군 후 체에 받쳐 물기를 빼요.

3

달군 팬에 버터를 두르고 다진 마늘을 넣어 약불로 볶아요.

4

마늘 향이 올라오면 양념 재료를 넣고 중약불로 끓여요.

5

양념이 끓으면 손질한 새우를 넣고 센 불로 볶아요.

6

고춧가루를 넣어 섞은 후 불을 끄고 후추 약간과 파슬리가루를 뿌려 완성해요.

특별하고 남다른 새우 요리

감바스
알 아히요

🥣 2인분　⏱ 15분

친구에서 연인으로 발전하고 싶은 사람이 있나요? 그렇다면 이 요리가 제격이에요.
감미로운 향에 한 번, 플레이팅 된 자태에 두 번, 맛에 세 번 반할 테니까요.
같은 새우라도 뭔가 특별한 감바스 알 아히요처럼 상대에게 남다른 매력을 어필하는 거예요.
여기에 곁들이는 와인은 여러모로 필수템인 거 아시죠?

- 새우 10마리
- 마늘 5개
- 올리브유 ½종이컵
- 버터 1숟가락
- 페페론치노 ½숟가락
- 소금 약간
- 후추 약간

페페론치노 대신
청양고추를 썰어 넣어도
좋아요.

1

마늘은 얇게 썰어요.

2

tip 내장은 새우 등
2~3번째 마디에 이쑤시개를
꽂아 빼내요.

새우는 내장을 빼고 머리와 껍질을
제거해요.

3

팬에 올리브유를 붓고 끓으면, 편 마늘,
페페론치노(이탈리아 마른 홍고추)를 넣어 약불로
끓여요.

4

tip 취향에 따라
허브나 파슬리가루를
추가해요.

마늘이 약간 노르스름해지면 새우를 넣은 후
소금, 후추로 간을 하고 새우가 익을 때까지
약불로 끓여 완성해요.

소고기 요리로 생색 내고 싶을 때

찹스테이크

🍲 3인분　⏱ 20분

친구 여럿을 초대한다면 스테이크보다는 찹스테이크죠. 소고기등심 한 팩과 각종 채소들로
여럿이 먹기에 충분할 만큼 푸짐하고, 보기에도 좋고, 맛도 훌륭한 요리를 완성할 수 있어요.
'친구들에게 나 소고기 요리 좀 준비했어!' 하고 생색낼 수도 있죠.
파프리카와 브로콜리가 소스와 어우러지면 고기보다 더 맛있다는 게 이 요리의 킬링 포인트랍니다.

- 소고기등심 1+⅓팩(400g)
- 새송이버섯 1개
- 양파 ½개
- 빨강 파프리카 ¼개
- 노랑 파프리카 ¼개
- 브로콜리 ¼개
- 마늘 4개
- 소금 약간
- 후추 약간

소스 재료

- 돈가스소스 6숟가락
- 케첩 5숟가락
- 올리고당 1+½숟가락
- 소금 약간
- 후추 약간

돈가스소스 대신
굴소스를 넣어도 좋아요.

1

새송이버섯, 양파, 빨강 파프리카,
노랑 파프리카, 브로콜리는 한입 크기로 썰고
마늘은 얇게 썰고 소고기는 깍둑 썰어요.

2

볼에 소스 재료를 넣고 소스를 만들어요.

3

달군 팬에 식용유를 두르고 마늘,
소고기등심을 넣어 중불로 볶다가 소금,
후추를 뿌려 볶아요.

4

소고기 겉면이 익으면 새송이버섯, 양파,
빨강 파프리카, 노랑 파프리카, 브로콜리와
소스를 넣어 섞고 중불로 볶은 후 완성해요.

집에서 즐기는 바비큐 요리
와인
통삼겹구이

🍲 3인분 | ⏱ 20분

집에서 캠핑 요리를 즐겨보아요. 레드와인으로 소스를 만들면 돼지의 누린내도 없애고,
깊은 풍미까지 돋울 수 있죠. 무엇보다 두꺼운 통삼겹을 속까지 익히는 과정이
이 요리의 가장 큰 관건이 될 텐데요. 겉면을 바삭하게 익혀 코팅해준 후 뚜껑을 덮어 속을 익히면
겉은 바삭, 속은 촉촉한 돼지고기를 맛볼 수 있어요. 그러니까 이 요리의 필수품은 프라이팬 뚜껑이죠.
남은 와인은 완성된 요리와 곁들이면 금상첨화입니다.

- 통삼겹살 2줄(600g)
- 마늘 10개
- 소금 약간
- 후추 약간

양념 재료

- 레드와인 1종이컵
- 올리고당 2숟가락
- 맛술 2숟가락
- 후추 약간

1

볼에 양념 재료를 넣고 양념장을 만들어요.

2

통삼겹살에 칼집을 낸 후 소금, 후추를 뿌려요.

3

tip 기름이 있는 부분부터 익혀요.

달군 팬에 통삼겹살을 넣고 중불에서 앞뒤로 겉면을 익혀요.

4

양념장과 통마늘을 넣고 센 불에서 와인의 알코올을 날린 뒤 뚜껑을 덮고 중불에서 속까지 익혀요.

5

tip 쌈채소를 곁들여 드시면 좋아요.

통삼겹살을 먹기 좋은 크기로 썰어 완성해요.

오늘 밤 포크(fork) 포크(pork) 파티

목살
스테이크

🍽 1인분 | ⏱ 30분

스테이크는 소고기만의 전유물이 아니죠. 돼지고기 목살로 저렴하고 맛있는 스테이크를 즐길 수 있어요.
돼지고기를 굽기 전에 칼등으로 두드려주면 양념도 더 잘 배고 부드러운 육질을 느낄 수 있답니다.
화룡점정으로 반숙 달걀 프라이를 스테이크 위에 올려주면 고소한 노른자와 소스가 부드럽게 어우러져
더 맛있게 먹을 수 있어요. 목살스테이크로 특별한 밤 보내세요.

- 돼지고기 목살 400g
- 달걀 1개
- 버터 2숟가락
- 어린잎 채소 1종이컵
- 방울토마토 ½종이컵
- 소금 약간
- 후추 약간

소스 재료

- 돈가스소스 3숟가락
- 굴소스 2숟가락
- 맛술 2숟가락
- 설탕 2숟가락
- 물 ½종이컵

1

볼에 소스 재료를 넣고 소스를 만들어요.

2

돼지고기 목살은 칼등으로 두드린 후 소금, 후추를 앞뒤로 뿌려요.

3

달군 팬에 돼지고기 목살을 넣어 센 불에서 굽다가 고기의 핏물이 올라오면 뒤집어요.

4

버터를 넣고 중불로 줄여 고기 속까지 익혀요.

5

소스를 붓고 중약불로 줄여 조려요.

6

달걀 프라이를 만들어요. 접시에 어린잎 채소, 방울토마토, 돼지고기 목살, 달걀 프라이를 올려 완성해요.

새콤달콤 자꾸만 손이 가는 사이드메뉴

훈제오리 무쌈말이

🍚 4인분 | ⏱ 30분

존재감을 뽐내는 사이드메뉴로 이만한 게 없죠. 느끼하거나, 맵거나, 뜨거운 메인 메뉴를
훌륭하게 서포트해줘요. 쌈무 안에 파프리카와 오이를 넣으면 알록달록 보기도 좋고
새콤달콤 식감도 좋아지죠. 훈제오리의 고소함까지 더하면 간편하지만 특별한 음식 완성!

- 훈제오리 1팩(500g)
- 쌈무 2팩(700g)
- 오이 1개
- 빨강 파프리카 1개
- 노랑 파프리카 1개
- 당근 ⅓개
- 무순 1팩(40g)

양념 재료

- 허니머스터드소스

1

오이, 빨강 파프리카, 노랑 파프리카, 당근은
쌈무 길이에 맞춰 길게 채 썰어요.

2

달군 팬에 훈제오리를 넣고 중불에서
앞뒤로 노릇하게 구워요.

3

tip 허니머스터드
소스에 찍어 드세요.

쌈무에 채 썬 채소와 무순, 구운 훈제오리를
넣고 돌돌 말아 완성해요.

재료 본연의 맛이 살아있는 고품격 요리

차돌박이 버섯찜

🍽 2인분 | ⏱ 30분

만드는 이의 정성이 깃들어있는 정갈한 요리예요. 속을 편안하게 해주고 스테미너에도 좋아서
회복식으로 적절하죠. 차돌박이를 펴서 깻잎과 팽이버섯을 올린 후 보기 좋게 돌돌 말면 완성!
소고기에 찹쌀가루를 묻히면 식감이 쫄깃쫄깃해진답니다.
재료 본연의 맛이 살아있어 어른들을 초대할 때 맞춤이에요.

- 차돌박이 1팩(300g)
- 숙주 ½봉지(100g)
- 배추 2장
- 당근 ⅓개(30g)
- 부추 ¼줌(20g)
- 팽이버섯 1봉지
- 깻잎 10장
- 찹쌀가루 2숟가락

채소 양념 재료

- 소금 약간
- 후추 약간
- 맛술 1숟가락

양념 재료

- 간장 3숟가락
- 물 3숟가락
- 식초 1숟가락
- 설탕 ½숟가락
- 겨자 ½숟가락
- 참기름 약간

1

팽이버섯은 가닥가닥 뜯어 놓고 깻잎은 2등분하고 배추와 당근은 채 썰고 부추는 5cm 길이로 썰어요.

2

차돌박이를 넓게 펴 소금, 후추를 뿌린 뒤 한쪽 면에 찹쌀가루를 묻혀요.

3

찹쌀가루를 묻힌 면에 깻잎을 깔고 팽이버섯을 올려 돌돌 말아요.

4

볼에 숙주, 배추, 당근, 부추와 채소 양념 재료를 넣고 섞어요.

5

볼에 양념 재료를 넣고 양념장을 만들어요.

6

tip 양념장에 찍어서 드세요.

김 오른 찜기에 ④를 깔고 차돌박이말이를 올린 뒤 뚜껑을 닫고 센 불에서 5분간 쪄 완성해요.

겨울철 손님접대 요리의 끝판 왕

밀푀유
나베

🍲 2인분 | ⏱ 30분

보기도 좋고 맛도 좋아서 손님접대 메인 요리로 손색이 없어요. 밀푀유나베의 매력은 끓일수록 국물이
깊어진다는 거예요. 그 국물에 칼국수나 우동 사리를 넣고 한소끔 끓이면 훌륭한 면요리가 탄생하지요.
마지막은 밥과 달걀, 참기름을 넣고 죽을 끓여도 좋습니다. '천겹의 잎'을 뜻하는 페스트리 밀푀유와
일본식 냄비요리인 나베가 만나 완성된 이 퓨전요리는 배추에 속이 차기 시작하는 가을, 겨울에 특히 어울려요.

- 샤브샤브용 소고기 200g
- 알배추 9장
- 숙주 1봉지(200g)
- 깻잎 20장
- 국간장 1숟가락
- 소금 약간
- 표고버섯 3개
- 팽이버섯 ½개

육수 재료

- 멸치 15마리
- 다시마 1장
- 양파 ½개
- 무 ¼개(300g)
- 물 6종이컵

1

tip 물이 끓으면 다시마를 건져야 육수가 탁해지지 않아요.

냄비에 육수 재료를 넣어 센불로 끓이고 물이 끓으면 중약불로 줄여 5~10분간 더 끓인 뒤 체에 걸러요.

2

tip 소고기는 키친타월로 눌러 핏물을 빼요.

알배추, 깻잎, 핏물을 뺀 소고기 순으로 2번 정도 반복해서 쌓아요.

3

②를 냄비 높이에 맞춰서 썰어요.

4

tip 표고버섯에 ＊모양의 칼집을 내면 더욱 예뻐요.

냄비에 숙주를 깔고 ③을 냄비 바깥쪽부터 빙 둘러 담은 후 위에 표고버섯과 팽이버섯을 올려요.

5

멸치 다시마 육수 3+½종이컵을 부은 후 국간장, 소금을 넣고 중불로 한소끔 끓여 완성해요.

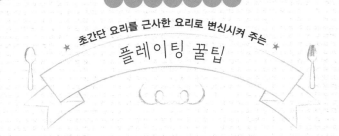

그릇, 믹스 매치로 ①
색다르게!

가정집엔 보통 세트 그릇이 많지요? 오늘만큼은 색다른 테이블을 꾸미고 싶다면 재질은 같지만 다른 색의 그릇들, 색은 같지만 질감이 다른 그릇들을 믹스매치해 보세요. 조금 더 특별한 느낌을 줄 수 있어요.

테이블러너나 ②
디자인 냅킨으로
포인트를 주자

디자인 냅킨을 접시에 깔거나 수저 밑에 깔기만 해도 포인트가 되어 테이블 분위기가 달라져요. 테이블러너를 깔아도 고급스러운 분위기가 연출되니 활용해보세요.

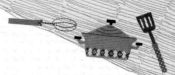

저녁이라면 티라이트나 ③
플로팅캔들로
근사한 분위기 연출!

물 위에 뜨는 플로팅캔들을 테이블 위에 놓는다면, 정말
근사하겠죠? 티라이트를 몇 개 켜도 좋고요. 은은한 불빛
속에 분위기가 무르익으면 늦은 밤까지 이야기가 끊이지
않을지도 몰라요.

특별한 날이라면 ④
꽃으로 화사하게

화려하게 꾸미고 싶을 때는 역시 꽃이 답입
니다. 드라이플라워도 괜찮아요. 꽃향기 은
은하게 퍼지고 눈을 즐겁게 하니 식탁의 분
위기가 더 화기애애해지겠죠?

웰컴 드링크로 분위기 업! ⑤

손님을 초대했다면 식사 전 오미자차, 히비스커스차 등
웰컴 드링크를 대접해보세요. 별 거 아닌 것 같지만
정성스런 대접을 받고 있다는 생각이 든답니다.

전국의 5천만 면 마니아들을 위한

면 요리

탄수화물의, 탄수화물에 의한, 탄수화물을 위한 요리!

국수, 파스타, 쫄면, 우동까지 면 마니아들이 좋아하는 모든 요리를 담았어요.

잘 익은 김장 김치 하나면 올킬!

김치 비빔국수

🍚 1인분 ⏱ 10분

맛있게 잘 익은 김치 하나면 틀림없이 맛을 보장해요. 김치가 이미 깊은 맛을 가지고 있으니
만드는 법도 간단하답니다. 김치와 양념 재료를 넣고 국수 넣고 비비면 끝!
오이 외에도, 상추, 골뱅이, 스팸 등 취향껏 고명으로 올리면 나만의 김치비빔국수가 완성됩니다.
집 나간 입맛도 돌아오게 하는 마성의 맛을 자랑하죠.

- 소면 1인분(100g)
- 김치 1종이컵
- 오이 ¼개

양념 재료

- 고추장 1숟가락
- 고춧가루 ½숟가락
- 간장 1숟가락
- 설탕 1+½숟가락
- 참기름 ½숟가락

1

오이는 채 썰고 김치는 송송 썰어요.

2

볼에 송송 썬 김치와 양념 재료를 넣고 섞어요.

3

끓는 물에 소면을 넣고 중불로 삶다가
끓기 시작하면 찬물을 1종이컵 넣어주세요.
(2번 반복) 면을 찬물에 헹궈 체에 밭쳐요.

4

김치 양념에 삶은 소면을 넣고 섞어요.

5

양념에 버무린 면을 그릇에 담고 채 썬 오이를
올려 완성해요.

명란의 매력에 풍덩!

명란파스타

🍚 1인분 | ⏱ 30분

명란은 국, 파스타, 반찬 그 어디에서도 특유의 존재감을 뽐내는 식재료예요. 명란이 들어간 파스타도
중독성 있을 만큼 매력적이죠. 포인트는 명란을 면과 섞을 때 너무 오랫동안 볶지 않는 거예요.
명란이 톡톡 튀며 화상을 입을 수도 있고 금방 타거든요. 살짝만 볶아주어야 맛있답니다.

- 명란 1+½개(40g)
- 스파게티 면 1인분(90g)
- 양파 ¼개
- 마늘 4개
- 버터 2숟가락

소스 재료

- 우유 5숟가락
- 간장 1숟가락

선택 재료

- 채 썬 김 약간

1

양파는 채 썰고 마늘은 얇게 썰어요.

2

명란은 껍질에 칼집을 내어 속을 발라내요.

3

볼에 명란, 소스 재료를 넣고 섞어요.

4

tip 제품에 따라 면 삶는 시간이 다르니 포장지에 적힌 조리법을 확인해요.

끓는 물에 소금을 약간 넣고 스파게티 면을 넣어 센 불에서 7~8분간 삶은 후 체에 밭쳐요.

5

달군 팬에 버터를 넣고 편 마늘과 채 썬 양파를 넣어 중불로 볶아요.

6

마늘이 노릇해지면 삶은 스파게티 면을 넣고 중불로 볶다가 ③을 넣고 섞듯이 볶아요.

7

채 썬 김을 올려 완성해요.

동양인의 입맛에 딱

오리엔탈
간장 파스타

🍜 1인분 | ⏱ 30분

한식을 좋아하는 어른들은 파스타 하면 보통 손부터 내젓잖아요. 그런 어른들도 충분히 좋아할 만한
파스타예요. 특별한 재료나 소스 없이도 후다닥 만들 수 있으니 주말 점심, 부모님께
간장파스타 한 그릇 만들어 대접해보세요. 파스타가 느끼하다는 편견을 깰 수 있는 좋은 기회예요.

- 스파게티 면 1인분(90g)
- 양파 ½개
- 마늘 2개
- 청양고추 3개
- 베이컨 ⅔팩(70g)

소스 재료

- 간장 2숟가락
- 설탕 1숟가락
- 참기름 1숟가락

1

양파는 채 썰고 마늘은 얇게 썰고 청양고추는
송송 썰고 베이컨은 2cm 길이로 썰어요.

2

볼에 소스 재료를 넣고 소스를 만들어요.

3

tip 제품에 따라 면 삶는
시간이 다르니 포장지에 적힌
조리법을 확인해요.

끓는 물에 소금을 약간 넣고 스파게티 면을
넣어 센 불에서 7~8분간 삶아 체에 밭쳐요.

4

달군 팬에 식용유를 약간 두르고 편 마늘을
넣어 중약불로 볶다가 마늘이 노릇해지면
베이컨, 양파, 청양고추를 넣고 볶아요.

5

삶은 스파게티 면과 소스를 넣어 중불에서
1~2분간 더 볶아 완성해요.

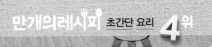

집에서도 진하고 고소하게

크림
스파게티

🍽 2인분 | ⏱ 15분

이탈리아 레스토랑에서 먹었던 진한 크림소스의 맛을 집에서도 즐겨요. 비결은 바로 파마산 치즈가루!
우유와 생크림에 파마산 치즈가루를 넣으면 걸쭉하고 진하고 고소한 크림소스를 만들 수 있어요.
바게트나 치아바타 등을 준비해 크림소스에 콕 찍어 먹어도 그만이에요.

- 스파게티 면 2인분(180g)
- 마늘 3개
- 양파 ¼개
- 베이컨 ⅔팩(70g)
- 소금 약간
- 파슬리가루 약간
- 후추 약간

소스 재료

- 우유 1종이컵
- 생크림 ½종이컵
- 파마산 치즈가루 4+½숟가락

1

마늘과 양파는 굵게 다지고 베이컨은 1cm
길이로 썰어요.

2

볼에 소스 재료를 넣고 소스를 만들어요.

3

tip 제품에 따라 면 삶는
시간이 다르니 포장지에 적힌
조리법을 확인해요.

끓는 물에 소금을 약간 넣고 스파게티 면을
센 불로 7~8분간 삶아 체에 밭쳐요.

4

달군 팬에 식용유를 약간 두르고 다진 마늘,
양파, 베이컨을 넣어 중약불로 볶다가
후추를 뿌려 볶아요.

5

tip 면 삶은 물로
농도를 조절하세요.

삶은 스파게티 면과 소스(②)를 넣고 중불로
살짝 볶은 뒤 파슬리가루를 뿌려 완성해요.

두부 한 모로 후딱딱 만드는

콩국수

🍜 1인분 | ⏱ 15분

콩을 삶을 필요 없이 두부 한 모로 만들 수 있어요. 두부, 우유, 아몬드가 만나면
충분히 고소하고 걸쭉한 맛을 내거든요. 15분 안에 후다닥 만들 수 있어 무더운 여름
후루룩 한 끼 해결하기에 좋죠. 취향에 따라 설탕과 소금을 가감해도 좋습니다.
두부 콩국수로 무더위를 시원하게 날려보세요.

- 중면 1인분(130g)
- 오이 ¼개
- 검은깨 ½숟가락

콩국물 재료

- 두부 1모(200g)
- 우유 ½종이컵
- 두유 ½종이컵
- 아몬드 2숟가락
- 설탕 1숟가락
- 소금 ½숟가락
- 통깨 1숟가락

1

오이는 채 썰어요.

2

믹서기에 콩국물 재료를 넣고 갈아요.

3

끓는 물에 중면을 넣고 끓어오르면 찬물을
1종이컵 넣어주세요.(2번 반복) 삶은 면을
찬물에 헹궈 체에 밭쳐요.

4

그릇에 삶은 중면을 넣고 콩국물을 부은 후
채 썬 오이와 검은깨를 올려 완성해요.

쫄깃쫄깃 탱글탱글

쫄면

🍜 2인분 | ⏱ 30분

쫄면은 쫄깃쫄깃 탱글탱글한 식감을 자랑해요. 그만큼 마니아층을 거느리고 있는 메뉴죠.
양배추와 삶은 콩나물까지 곁들이면 식감이 훨씬 좋아져요. 양배추와 콩나물 외에도 쫄면 한 그릇에
다채로운 채소가 들어가죠. 채소 싫어하는 사람들도 거부감 없이 먹을 수 있답니다.

- 쫄면사리 2인분(400g)
- 상추 5장
- 양배추 2장
- 오이 ½개
- 당근 ½개
- 콩나물 ½봉지(100g)
- 통깨 약간

양념 재료

- 고추장 4숟가락
- 고춧가루 1숟가락
- 설탕 1숟가락
- 식초 4숟가락
- 간장 ½숟가락
- 다진 마늘 1숟가락
- 참기름 1숟가락
- 통깨 약간

1

상추는 한 입 크기로 뜯고 양배추, 오이,
당근은 채 썰어요.

2

볼에 양념 재료를 넣고 양념장을 만들어요.

3

> tip 콩나물을
> 삶을 때는 처음부터 뚜껑을
> 열거나 처음부터 한소끔 끓을
> 때까지 뚜껑을 열지 않아야
> 비린내가 안 나요.

끓는 물에 소금 약간을 넣고 센 불에서
콩나물을 3분간 삶아 체에 밭쳐요.

4

쫄면은 가닥가닥 잘 떼어 끓는 물에 5분간
삶은 후 찬물에 헹궈 체에 밭쳐요.

5

> tip 취향에 따라
> 삶은 달걀을 올려주면
> 좋아요.

그릇에 삶은 쫄면사리와 채소, 양념장을
올린 후 통깨를 뿌려 완성해요.

바질향이 향긋

바질
파스타

🍚 1인분 | ⏱ 30분

시판 바질페스토 하나면 바질향이 향긋한 바질파스타를 만들 수 있어요. 바질페스토 특유의 향긋함과
고소한 풍미를 충분히 느끼려면 페스토를 넣고 불에 너무 오래 볶지 않는 게 좋아요.
불을 끄고 비비듯이 섞어만 주어도 충분하죠. 바질페스토는 파스타뿐 아니라 빵이나 비스킷에
발라 먹을 수 있으니 취향껏 이용해보세요. 냉장고에 하나 쟁여두면 든든한 식재료예요.

- 스파게티 면 1인분(90g)
- 바질페스토 2+½숟가락
- 편 마늘 2숟가락
- 페페론치노 4개
- 올리브유 2숟가락
- 소금 약간
- 후추 약간
- 파마산 치즈가루 ½숟가락

1

tip 제품에 따라 면 삶는 시간이 다르니 포장지에 적힌 조리법을 확인해요.

끓는 물에 소금을 약간 넣고 스파게티 면을 넣어 센 불에서 7~8분간 삶은 후 체에 밭쳐요.

2

tip 매운 맛을 좋아하면 페페론치노를 잘라 넣어요.

달군 팬에 올리브유를 두르고 편 마늘과 페페론치노를 넣어 중불에서 마늘이 노릇해질 때까지 볶아요.

3

삶은 스파게티 면, 바질 페스토를 넣고 소금, 후추를 뿌려 약불에서 빠르게 섞어요.

4

그릇에 ③을 담은 후 파마산 치즈가루를 뿌려 완성해요.

국물이 끝내줘요!

어묵우동

🍲 1인분 | ⏱ 30분

국물이 끝내주는 어묵우동이에요. 깊은 국물의 비결은 바로 가다랑어포인데요.
멸치육수가 만들어지면 불을 끄고 가다랑어포를 적절히 우린 후 건져주는 게 포인트예요.
가다랑어포를 육수와 함께 끓이면 쓴맛이 배어 나오니 불을 끄고 우려야 한다는 점 잊지 마세요.
어묵까지 더해지니 맛이 없을 수 없는 요리예요.

- 우동사리 1인분(210g)
- 사각 어묵 2장
- 대파 ¼대
- 가다랑어포 1종이컵

양념 재료

- 국간장 1숟가락
- 다진 마늘 ½숟가락

육수 재료

- 물 5종이컵
- 무 ⅛개(60g)
- 대파(10cm) 2대
- 양파 ¼개
- 멸치 15마리
- 다시마(사방 5cm) 2장
- 표고버섯 1개

1

대파는 송송 썰고 사각 어묵 1장은 채 썰고 1장은 나무젓가락에 꽂아요.

2

> tip 물이 끓으면 다시마를 건져야 육수가 탁해지지 않아요.

냄비에 육수 재료를 넣고 센 불로 끓이다 물이 끓으면 중약불로 줄여 5~10분간 더 끓여요.

3

불을 끄고 가다랑어포를 넣어 우려낸 후 체에 걸러요.

4

냄비에 육수를 붓고 우동면, 어묵, 양념 재료를 넣고 센 불로 한소끔 끓여요.

5

송송 썬 대파를 넣어 완성해요.

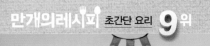

30년 전통의 함흥냉면 맛이 여기에!

비빔냉면

🍜 1인분 | ⏱ 30분

물냉면은 시판 육수를 넣고 쉽게 만들 수 있지만 비빔냉면은 양념장 때문에 왠지 만들기 꺼려지곤 하잖아요.
걱정 마세요. 함흥냉면집에서 먹었던 비빔냉면을 집에서도 만들 수 있어요. 비밀 양념 병기가 있다면
숙성이에요. 여유가 있다면 하루 이틀 먼저, 아니면 한두 시간이라도 미리 만들어 두면
훨씬 깊은 맛을 느낄 수 있답니다. 한 번에 충분히 만들어두고 필요할 때마다 먹어도 좋아요.

- 냉면 1인분(150g)
- 빨강 파프리카 ¼개
- 노랑 파프리카 ¼개
- 오이 ¼개
- 삶은 달걀 ½개

양념 재료

- 고추장 2숟가락
- 고춧가루 1숟가락
- 식초 2숟가락
- 맛술 1숟가락
- 설탕 1+½숟가락
- 다진 마늘 1숟가락
- 참기름 ½숟가락
- 통깨 약간

선택 재료

- 삶은 달걀 ½개

1

빨강 파프리카, 노랑 파프리카, 오이는
채 썰어요.

2

볼에 양념 재료를 넣고 양념장을 만들어요.

3

tip 냉면을 삶기
전에 미리 뜯어주면
면이 잘 풀려요.

끓는 물에 냉면을 넣고 센 불에서 1분간
삶은 후 찬물에 헹궈 체에 밭쳐요.

4

그릇에 삶은 냉면과 양념장, 채소, 삶은 달걀을
올려 완성해요.

진한 멸치육수가 시원한

잔치국수

🍚 1인분 | ⏱ 30분

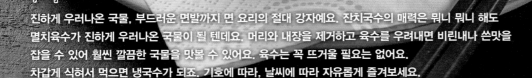

진하게 우러나온 국물, 부드러운 면발까지 면 요리의 절대 강자예요. 잔치국수의 매력은 뭐니 뭐니 해도
멸치육수가 진하게 우러나온 국물이 될 텐데요. 머리와 내장을 제거하고 육수를 우려내면 비린내나 쓴맛을
잡을 수 있어 훨씬 깔끔한 국물을 맛볼 수 있어요. 육수는 꼭 뜨거울 필요는 없어요.
차갑게 식혀서 먹으면 냉국수가 되죠. 기호에 따라, 날씨에 따라 자유롭게 즐겨보세요.

- 소면 1인분(100g)
- 김치 ¼종이컵
- 대파 ⅛대
- 김가루 약간

육수 재료

- 멸치 10마리
- 물 2+½종이컵
- 다진 마늘 ½숟가락
- 소금 약간
- 국간장 1숟가락

김치 양념 재료

- 설탕 ¼숟가락
- 참기름 ¼숟가락
- 통깨 ¼숟가락

tip 멸치는 내장을 제거한 후 볼에 키친타월을 깔고 올려 전자레인지에 30초 돌려서 사용하면 좋아요.

1

냄비에 멸치, 물을 넣고 센 불에서 끓이다가 물이 끓으면 중약불로 줄여 10분간 끓인 후 멸치를 꺼내고 다진 마늘과 소금, 국간장을 넣어요.

2

대파와 김치는 송송 썰어요.

3

송송 썬 김치에 김치 양념 재료를 넣고 섞어요.

4

끓는 물에 소면을 넣고 중불로 삶다가 물이 끓어오르면 찬물을 1종이컵 넣어주세요. (2번 반복) 찬물에 헹궈 체에 밭쳐요.

5

그릇에 소면과 육수를 담고 김치, 대파, 김가루를 올려 완성해요.

★ 면, 이렇게 삶아야 제맛!

소면, 스파게티면 삶는 법

① 소면 삶는 법

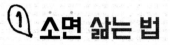

 재료 소면

1 끓는 물에 면을 펼쳐 넣고 중불에 삶아요.

2 물이 끓으면 찬물 1컵을 넣어요. (2번 반복)

3 면을 건져 찬물에 헹궈요.

> tip 찬물에 헹궈주면 전분이 떨어져 면발이 탱글탱글해져요.
> 뜨거운 육수라면 토렴을 해주면 좋아요.

② 스파게티 면 삶는 법

 재료 스파게티면, 소금

1 끓는 물에 물 양의 10% 양의 소금을 넣고 면을 펼쳐 넣고 센 불에서 삶아요.

> tip 소금을 넣으면 간이 배어 면이 쫄깃해져요.
> tip 1인분 면의 양은 손가락으로 쥐었을 때 100원 동전 크기(90g), 2인분 면의 양은 500원 동전 크기(180g)가 적당해요.

2 중간의 심지가 있는 알덴테 상태(너무 부드럽거나 무르지 않아 씹는 촉감이 느껴지는 상태)가
   될 때(보통 8분) 불을 끈 후 건져요.

> tip 면 삶은 물은 버리지 말고 파스타의 농도를 맞출 때 사용하면 좋아요. 제품에 따라 면 삶는 시간이 다르니
> 포장지에 적힌 조리법을 확인해요.

기분이 저기압일 때는 고기 앞으로

고기 요리

이영자의 비밀 수첩에 들었음직한 고기 요리의 비밀 병기를 소개할게요,
손님 접대 요리로도 손색없는, 누구나 좋아할 만한 맛의 비법을 알려드립니다.

소불고기

🍚 2인분 | ⏱ 15분

소불고기는 잔치 때 주로 등장하는 메뉴예요. 소중한 사람들과 나누어 먹는 귀하고 맛있는 요리지요.
만들기 어려울 거라 생각하기 쉽지만 15분 만에 뚝딱 해낼 수 있어요. 부모님 생신 날, 할머니 칠순 날,
형제자매의 합격 발표 날 등등 축하를 나누는 기쁜 자리에 소불고기를 만들어보는 건 어떨까요?
사랑하는 이들과 함께해서 더 맛있는 요리죠.

- 불고깃감 소고기 1+⅓팩(400g)
- 쪽파 1대
- 물 ¼종이컵
- 후추 약간
- 통깨 약간

양념 재료

- 간장 3숟가락
- 물 2숟가락
- 설탕 2숟가락
- 청주 2숟가락
- 다진 대파 1숟가락
- 다진 마늘 1숟가락
- 다진 생강 ¼숟가락
- 참기름 약간

1

쪽파는 송송 썰고 소고기는 먹기 좋은 크기로
썰어요.

2

볼에 양념 재료를 넣고 양념장을 만들어요.

3

소고기에 양념장을 넣고 섞어요.

4

달군 팬에 식용유를 약간 두르고 중불에서
양념한 소고기를 익혀요.

5

핏물이 살짝 남았을 때 물 ¼종이컵을 붓고
후추를 뿌려 볶아요.

6

접시에 구운 고기를 담고 송송 썬 쪽파,
통깨를 뿌려 완성해요.

101

반찬이 필요 없는

된장소스 돼지고기구이

🍚 4인분 | ⏱ 30분

짭조름한 된장소스가 맛있게 밴 고기요리예요. 이거 하나면 저녁 걱정 끝! 반찬이 필요 없어요.
생강과 마늘 등이 듬뿍 들어있어 돼지고기 특유의 잡내가 없고 감칠맛이 나요.
오늘 저녁, 된장 소스 쓱쓱 바른 돼지고기 구이 어때요?

- 돼지고기 등심 2팩(600g)

양념 재료

- 된장 2숟가락
- 설탕 1숟가락
- 맛술 4숟가락
- 다진 마늘 1숟가락
- 다진 생강 ¼숟가락
- 다진 대파 2숟가락
- 참기름 1숟가락
- 후추 약간

1

돼지고기 등심을 한입 크기로 썰어요.

2

볼에 양념 재료를 넣고 양념장을 만들어요.

3

양념장에 돼지고기 등심을 버무려 20분간 재워요.

4

tip 취향에 따라 어린잎 채소를 올려주면 예뻐요.

달군 팬에 식용유를 두르고 양념한 돼지고기 등심을 중불로 노릇하게 구워 완성해요.

103

간단한 재료로 푸짐하게

콩나물
불고기

🍲 2인분 | ⏱ 30분

콩나물이 들어가 푸짐하게 먹을 수 있어요. 콩나물과 양파에서 자작하게 배어 나온 국물을 졸여가며 먹는
재미가 있답니다. 아삭거리는 콩나물 식감과 차돌박이의 고소한 육즙을 동시에 느껴보세요.
다 먹고 남은 양념에 밥을 볶아 먹으면 그 또한 별미랍니다.

- 차돌박이 1팩(300g)
- 콩나물 1봉지(200g)
- 양파 ½개
- 깻잎 10장
- 홍고추 2개

양념 재료

- 고추장 2숟가락
- 고춧가루 2숟가락
- 간장 2숟가락
- 맛술 1숟가락
- 다진 마늘 1숟가락
- 설탕 1숟가락
- 후추 약간

1

양파와 깻잎은 채 썰고 홍고추는 어슷 썰어요.

2

볼에 양념 재료를 넣고 양념장을 만들어요..

3

냄비에 콩나물, 양파, 차돌박이, 깻잎, 홍고추, 양념장 순으로 올린 후 뚜껑을 닫고 중불에서 3분간 익혀요.

4

뚜껑을 열고 국물이 자작해질 때까지 중불에서 볶아 완성해요.

고기계의 소울푸드

고추장 삼겹살

🍚 2인분 | ⏱ 15분

한국인이라면 이 맛에 다들 풍덩 빠져있을 거예요. 돼지고기에 매콤하고, 달고, 짠 이 모든 맛이 들어있으니 싫어하려고 해도 싫어할 수 없는 마성의 메뉴죠. 이 요리는 굽기가 매우 중요해요. 고추장 양념이 금방 탈 수 있으니 약불로 살살 구워주는 것이 맛있는 고추장삼겹살을 만드는 비결이 되겠습니다.

- 삼겹살 1+⅓팩(400g)

양념 재료

- 고추장 3숟가락
- 간장 1숟가락
- 설탕 1숟가락
- 올리고당 1숟가락
- 매실액 1숟가락
- 다진 마늘 1숟가락
- 다진 생강 ½숟가락
- 후추 약간
- 참기름 1숟가락

1

삼겹살을 먹기 좋은 크기로 썰어요.

2

볼에 양념 재료를 넣고 양념장을 만들어요.

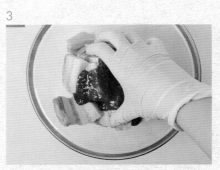

3

양념장에 삼겹살을 넣어 20분간 재워요.

4

tip 쌈채소를 곁들여 먹으면 좋아요.

달군 팬에 식용유 약간을 두르고 삼겹살을
중약불에서 앞뒤로 노릇하게 구워 완성해요.

우리 집에 손님이 찾아올 땐

훈제오리
채소볶음

1인분 | 30분

갑작스레 손님이 찾아오는데, 준비 시간은 여의치 않을 때가 있잖아요.
이럴 때는 누구나 좋아하고 금방 만들 수 있는 요리가 좋아요.
고기에 양념을 재워 놓을 필요도 없이 채소들과 함께 볶으면 바로 해결되죠.
훈제오리고기는 남녀노소 누구나 좋아하니까 안심해도 좋아요.
보기에도 좋고 맛도 좋은 고기 요리를 뚝딱 완성할 수 있어요.

- 훈제오리 1+⅔팩(500g)
- 빨강 파프리카 ½개
- 노랑 파프리카 ½개
- 양파 1개
- 청양고추 1개
- 다진 마늘 1숟가락

양념 재료

- 굴소스 4숟가락
- 맛술 1숟가락
- 올리고당 1숟가락

1

양파, 빨강 파프리카, 노랑 파프리카는 채 썰고 청양고추는 송송 썰어요.

2

달군 팬에 식용유를 약간 두르고 다진 마늘, 채 썬 양파를 넣어 중불로 볶아요.

3

양파가 투명해지면 훈제오리와 양념 재료를 넣어 중불에서 훈제오리가 노릇해질 때가지 볶아요.

4

tip 쌈무에 싸먹으면 더욱 맛있어요.

빨강 파프리카, 노랑 파프리카, 송송 썬 청양고추를 넣고 센 불에서 1~2분간 재빨리 볶아 완성해요.

고기 요리도 가볍게 상큼하게

닭가슴살 냉채

🥣 4인분 | ⏱ 30분

고기 요리 하면 보통 다이어트의 적이라고 생각하기 쉽잖아요. 다이어트를 위해 퍽퍽한 닭가슴살만
먹는 것이 지겨울 때도 있죠. 이럴 때 몸도 가벼워지고 상큼한 맛도 그만인 냉채요리를 만들어봐요.
속을 든든하게 채워주면서도 새콤달콤 맛있게 먹을 수 있어요.

- 닭가슴살 ½팩(250g)
- 양파 ½개
- 오이 1개
- 빨강 파프리카 1개
- 노랑 파프리카 1개

소스 재료

- 간장 4숟가락
- 식초 4숟가락
- 겨자 1+½숟가락
- 설탕 1+½숟가락
- 매실액 1+½숟가락
- 다진 마늘 1+½숟가락

선택 재료

- 통후추 5알
- 월계수잎 2장

tip 통후추, 월계수잎 대신 양파 껍질, 파뿌리를 넣어도 좋아요.

1

냄비에 닭가슴살과 통후추, 월계수잎을 넣고 잠길 정도로 물을 부어 중불에서 15분간 삶아요.

2

양파, 오이, 빨강 파프리카, 노랑 파프리카는 채 썰어요.

3

삶은 닭가슴살은 한 김 식힌 뒤 결대로 찢어요.

4

볼에 소스 재료를 넣고 소스를 만들어요.

5
접시에 채 썬 채소를 담은 후 닭가슴살을 가운데 올리고 먹기 직전에 소스를 뿌려 완성해요.

그 유명한 기사식당 그 요리!

돼지불백

🍜 1인분 | ⏱ 30분

왜 유독 기사식당에는 돼지불백 요리가 많을까요?
짐작컨대, 앞다리살로 만들어 가격이 저렴하고,
기름기가 적어 담백하게 먹을 수 있기 때문이 아닐까 싶은데요.
TV에도 나와서 온 국민의 군침을 흘리게 만들었던
그 요리를 집에서 만들어봐요. 들어가는 양념은 많지 않아요.
빠르고 맛있게 한 그릇 뚝딱! 한 끼 해결이에요.

- 돼지고기 앞다리살 1팩(300g)
- 통깨 약간

양념 재료

- 간장 3숟가락
- 설탕 2숟가락
- 맛술 1숟가락
- 다진 마늘 1숟가락
- 대파 ¼대
- 참기름 2숟가락
- 후추 약간

1

대파는 다지고 돼지고기는 키친타월로
핏물을 제거한 뒤 한입 크기로 썰어요.

2

볼에 양념 재료를 넣고 양념장을 만들어요.

3

양념장에 돼지고기를 넣고 버무려요.

4

tip 파채를
올려도 좋아요.

달군 팬에 식용유를 약간 두르고 양념한
돼지고기를 넣어 중불에서 구운 뒤 통깨를
뿌려 완성해요.

입에서 사르르 감기는

소고기 육회

🥘 2인분 | 🕐 15분

맛이 화려하지 않아도, 자극적이지 않아도,
입안에서 감기는 부드러운 맛에 반하게 되는 요리예요.
어릴 때는 그 맛을 모르다가 어른이 되어서야
그 맛을 서서히 알게 되어서 어른의 요리로 불리기도 하죠.
소고기는 생으로 먹는 만큼 신선도가 중요해요.
우둔살이나 홍두깨살처럼 기름기가 적은 부위를 이용하면
목 넘김이 좋은 육회를 먹을 수 있습니다.
마지막 달걀노른자 톡, 빼놓을 수 없는 포인트죠.

- 소고기 우둔살 ⅔팩(250g)
- 배 ¼개
- 달걀노른자 1개
- 통깨 약간

양념 재료

- 간장 1숟가락
- 설탕 1+½숟가락
- 매실액 1숟가락
- 참기름 1숟가락
- 후추 약간
- 통깨 ½숟가락

1

배는 껍질을 벗겨 채 썰고 소고기도 배 길이에 맞게 길게 썰어요.

2

볼에 양념 재료를 넣고 양념장을 만들어요.

3

소고기에 양념장을 넣고 버무려요.

4

접시에 채 썬 배와 양념한 소고기를 담고 달걀노른자를 올린 뒤 통깨를 뿌려 완성해요.

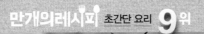

짜장 속에 퐁닭퐁닭

짜장찜닭

🍚 4인분 | ⏱ 30분

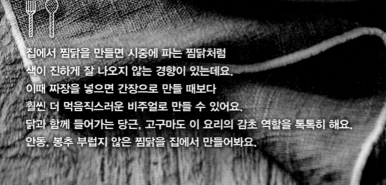

집에서 찜닭을 만들면 시중에 파는 찜닭처럼
색이 진하게 잘 나오지 않는 경향이 있는데요.
이때 짜장을 넣으면 간장으로 만들 때보다
훨씬 더 먹음직스러운 비주얼로 만들 수 있어요.
닭과 함께 들어가는 당근, 고구마도 이 요리의 감초 역할을 톡톡히 해요.
안동, 봉추 부럽지 않은 찜닭을 집에서 만들어봐요.

- 닭볶음탕용 닭 1마리(1kg)
- 양파 1개
- 고구마 2개
- 당근 ½개
- 대파 ¼대
- 청양고추 1개
- 맛술 2숟가락

양념 재료

- 물 2+½종이컵
- 짜장 가루 8숟가락
- 고춧가루 2숟가락
- 다진 마늘 1숟가락
- 올리고당 2숟가락

1

양파, 고구마, 당근은 껍질을 벗겨 한입
크기로 썰고 대파와 청양고추는 송송 썰어요.

2

냄비에 닭볶음탕용 닭, 맛술, 닭이 잠길 만큼
물을 부어 센 불에 한소끔 끓인 뒤 건져
찬물에 헹궈요.

3

달군 팬에 식용유를 두르고 양파, 당근,
고구마, 청양고추를 넣어 양파가 투명해질
때까지 중약불에서 볶아요.

4

고구마가 노릇해지면 양념 재료와 닭을 넣어
센 불에서 한소끔 끓이다 중불로 줄이고
양념이 졸아들면 송송 썬 대파를 올려
완성해요.

힘을 불끈 나게 해주는 간단 보양식

훈제오리
부추무침

🍚 1인분 | ⏱ 30분

오리와 부추는 맛도, 영양도 환상 궁합을 자랑해요.
새콤달콤한 부추무침이 오리의 느끼함을 잡아줘서 맛도 그만,
몸을 뜨겁게 하는 부추와, 기력을 보충하는 오리가 만나 영양도 그만이지요.
몸이 허하다고 느껴질 때 먹어보세요.
몸에서 기운이 훨훨 나는 느낌이 들 거예요.

- 훈제오리 1팩(600g)
- 부추 1단
- 양파 1개

양념 재료

- 간장 5숟가락
- 설탕 2숟가락
- 식초 3숟가락
- 고춧가루 2숟가락
- 다진 마늘 2숟가락
- 참기름 1숟가락
- 통깨 1숟가락

1

tip 양파를 물에 담가주면 매운맛이 없어져요.

부추는 5cm 길이로 썰고 양파는 채 썰어 물에 10분간 담가 건져요.

2

달군 팬에 오리를 중약불에서 앞뒤로 노릇하게 구워요.

3

tip 부추는 살살 섞어야 풋내가 안 나요.

볼에 부추, 양파, 양념 재료를 넣고 섞어 부추무침을 만들어요.

4

접시에 부추무침과 구운 오리를 담아 완성해요.

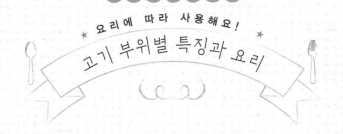

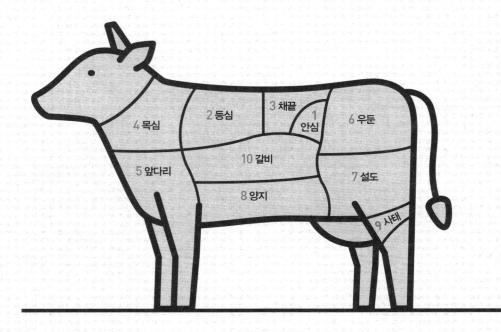

① 소고기

1 **안심** 살이 연하고 부드럽다. (추천요리: 스테이크, 구이, 전골)

2 **등심** 육즙이 풍부하고 감칠맛이 난다. (추천요리: 구이, 불고기, 스테이크)

3 **채끝** 육질이 연하고 부드럽다. (추천요리: 스테이크, 산적)

4 **목심** 지방이 적고 씹을수록 고소하다. (추천요리: 불고기, 국)

5 **앞다리** 색이 진하고 근육과 힘줄이 많아 질기다. (추천요리: 육회, 장조림, 불고기)

6 **우둔** 지방이 적어 다소 거칠고 질기다. (추천요리: 육회, 장조림, 산적)

7 **설도** 지방이 적고 육질이 조금 질기다. (추천요리: 산적, 장조림, 국)

8 **양지** 육질이 치밀해 오랜 시간에 걸쳐 끓이는 요리를 하면 맛이 좋다. (추천요리: 국)

9 **사태** 기름기가 없어 담백하다. (추천요리: 육회, 탕)

10 **갈비** 지방이 많고 육즙이 풍부하다. (추천요리: 구이, 찜, 탕)

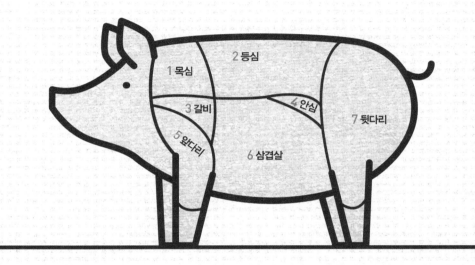

② 돼지고기

1 **목심** 지방이 적당히 박혀있어 풍미가 좋다. (추천요리: 찌개, 구이)

2 **등심** 지방이 적고 담백하다. (추천요리: 돈가스, 스테이크, 잡채)

3 **갈비** 근육 내 지방이 있어 풍미와 육즙이 풍부하다. (추천요리: 찜, 숯불구이, 바베큐)

4 **안심** 지방과 근육이 적어 육질이 부드럽고 연하다. (추천요리: 탕수육, 스테이크, 돈가스)

5 **앞다리** 지방이 적고 색이 진하다. (추천요리: 찌개, 불고기)

6 **삼겹살** 지방이 많고 고소하다. (추천요리: 구이, 수육, 베이컨)

7 **뒷다리** 살집이 두터우며 지방이 적다. (추천요리: 수육, 장조림, 불고기)

냉장고에 쟁여두고 먹는

초간단반찬

냉장고에 쟁여놓고, 두고두고 꺼내 먹을 수 있는 최애 밑반찬 대 공개!
나물부터 조림까지 엄마 반찬 꿀팁을 소개합니다.

한 번 손대면 멈출 수 없어

간장 진미채볶음

🥣 2인분 · ⏱ 15분

짭조름하고 달달한 양념 때문에 한 번 손대면 멈추기 어려워요. 오래 보관할 수 있어 빼놓을 수 없는
밑반찬 중의 하나죠. 이 요리의 포인트는 진미채를 마요네즈에 버무리는 거예요. 마요네즈가 진미채를
부드럽고 촉촉하게 유지시켜 준답니다. 거기에 고소함도 추가! 은근히 중독성 있는 마성의 반찬이에요.

- 진미채 ⅔팩(150g)
- 마요네즈 2숟가락
- 올리고당 1숟가락
- 통깨 약간

양념 재료

- 간장 1+½숟가락
- 굴 소스 1숟가락
- 맛술 2숟가락
- 다진 마늘 ½숟가락
- 설탕 ½숟가락
- 통깨 ½숟가락

> tip 진미채가 너무
> 길면 가위로 잘라요.

1

진미채에 마요네즈를 넣어 버무려요.

2

볼에 양념 재료를 넣고 양념장을 만들어요.

3

팬에 양념장을 넣고 약불로 끓여요.

4

양념장에 진미채를 넣고 1~2분간 중약불에서
볶아요. 불을 끈 뒤 올리고당을 섞은 후
통깨를 뿌려 완성해요.

바삭바삭하고 고소하고 매콤한

고추장
멸치볶음

🍚 3인분 ⏱ 15분

멸치볶음의 핵심은 냉장고에 보관해도 바삭바삭함이 유지되는 거예요. 그 비결은 마른 팬에
노릇해질 때까지 멸치를 볶는 것이죠. 그렇게 하면 수분을 날려주고 비린내까지 싹 잡아줘요.
양념장에 멸치를 넣고 섞을 때 불이 세면 금방 탈 수 있으니 불 조절에 유의하세요.
오래 보관할 수 있어 밑반찬으로 인기 있는 메뉴죠.

- 잔멸치 4종이컵(200g)
- 통깨 약간

양념 재료

- 고추장 3숟가락
- 간장 1+½숟가락
- 설탕 1숟가락
- 올리고당 1숟가락
- 다진 마늘 ½숟가락

tip 마른 팬에 볶아야 멸치가 눅눅해지지 않고 바삭해요.

1

볼에 양념 재료를 넣고 양념장을 만들어요.

2

달군 팬에 잔멸치를 넣고 노릇해질 때까지 볶아 체에 받쳐요.

3

팬에 양념장을 넣고 끓으면 볶은 멸치를 넣어 섞어요.

4

불을 끄고 통깨를 뿌려 완성해요.

새콤달콤 입맛 당기는

오이무침

🍚 4인분 | 🕐 15분

새콤달콤해 입맛을 당기는 오이무침이에요. 오이는 만들 때보다 씻고 절이는 게 중요해요.
오이를 씻을 때 굵은 소금으로 문지르면 구석구석 이물질도 제거할 수 있어요.
오이를 소금에 절이는 건 수분을 빼기 위해서예요. 물이 나오면 싱거워지고 아삭거림도 줄어들거든요.
잘 절여진 오이를 양념장에 무치면 새콤달콤, 아삭아삭 오이무침 완성이에요!

- 오이 3개
- 양파 ½개
- 소금 ½숟가락

양념 재료

- 고춧가루 2숟가락
- 고추장 2숟가락
- 간장 1숟가락
- 식초 3숟가락
- 매실액 1숟가락
- 올리고당 1숟가락
- 설탕 1숟가락
- 다진 마늘 1숟가락
- 참기름 1숟가락
- 통깨 1숟가락

1

양파는 채 썰고 오이는 굵은소금으로 문질러 씻은 뒤 어슷 썰어요.

2

어슷 썬 오이는 소금 ½숟가락을 넣고 5분간 절였다가 물에 헹군 후 짜요.

3

볼에 양념 재료를 넣고 양념장을 만들어요.

4

볼에 오이, 양파, 양념장을 넣고 무쳐 완성해요.

간장 어묵볶음

🍚 3인분 | ⏱ 15분

반찬으로도, 안주로도, 도시락 반찬으로도 그만이니까 한 번 만들어놓을 때 넉넉하게 해두어도 괜찮아요.
그만큼 누구나 좋아하는 메뉴이지요. 잊지 말아야 할 것은 어묵을 넣고 볶다가 물을 넣는 거예요.
그래야 촉촉하게 양념이 밴 어묵볶음을 먹을 수 있어요. 이거 하나면 밥 한 그릇 뚝딱!

- 봉 어묵 10개
- 양파 ¼개
- 당근 ¼개
- 대파 1¼대
- 다진 마늘 1숟가락
- 물 4숟가락

양념 재료

- 간장 2숟가락
- 맛술 ½숟가락
- 올리고당 1숟가락
- 참기름 1숟가락

1 양파는 채 썰고 당근은 반달 썰고 대파와 봉 어묵은 어슷 썰어요.

2 볼에 양념 재료를 넣고 양념장을 만들어요.

3 달군 팬에 식용유를 두르고 다진 마늘을 넣어 약불에서 볶아요.

4 마늘 향이 올라오면 봉 어묵을 넣어 중약불로 볶다가 물 4숟가락을 넣어요.

5 당근, 양파, 양념장을 넣고 중약불에서 볶다가 송송 썬 대파를 넣어 완성해요.

달걀 하나로 반찬 걱정 끝

달걀 장조림

🍚 2인분 | ⏱ 30분

달걀 장조림 하나 만들어 놓으면 한 주 내내 든든해요. 간장 양념이 푹 밴 달걀을 밥에 올린 뒤
계란프라이 툭 얹으면 한 그릇 밥이 완성되고요. 정갈하게 썰어 그릇에 담으면 보기에도 좋은 반찬이 됩니다.
남은 간장은 요리 재료에 써도 좋아요. 활용도 면에서 최고를 자랑하는 든든한 메뉴예요.

- 달걀 8개
- 소금 ½숟가락
- 식초 1숟가락

양념 재료

- 간장 ⅔종이컵
- 설탕 3숟가락
- 다진 마늘 1숟가락
- 물 2종이컵

1

냄비에 달걀, 소금, 식초를 넣고 달걀이
잠길 만큼 물을 부어 센 불에서 삶다가
끓으면 중불로 줄여요. 총 13분간 삶아요.

2

삶은 달걀은 찬물에 담가 껍질을 까요.

3

냄비에 삶은 달걀, 양념 재료를 넣고 센 불로
끓이다가 물이 끓으면 중약불로 줄여 20분간
졸여 완성해요.

반주할 때 딱!

참치 김치전

🍚 2인분 | ⏱ 15분

밥 먹으면서 간단하게 한잔 걸칠 때는 김치전이죠. 김치전 반죽에 참치를 넣으면 고소한 맛이 배가돼요.
식어도 식은 대로 맛이 있어서 미리 부쳐두고 반찬으로 차갑게 꺼내 먹어도 손색이 없죠.
참치김치전 한 점에 술 한 잔 짠! 오늘의 피로가 말끔히 사라지는 느낌이 들 거예요.

- 김치 2종이컵
- 통조림 참치 1캔(200g)
- 부침가루 1종이컵
- 김칫국 ½종이컵
- 물 1+½종이컵

1

참치는 체에 밭쳐 기름을 빼고 김치는 잘게
썰어요.

2

tip 매운맛을
원하시면 청양고추를
썰어 넣어요.

볼에 참치, 김치, 김칫국, 물, 부침가루를
넣어 섞어요.

3

달군 팬에 식용유를 넉넉히 두르고 반죽을
한 국자씩 떠서 중불에서 앞뒤로 부쳐 완성해요.

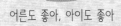

어른도 좋아, 아이도 좋아

애호박
참치볶음

🍚 2인분 | ⏱ 15분

애호박을 기름에 볶으면 달달한 맛을 내요. 여기에 참치가 더해지면 감칠맛이 대폭발을 합니다.
자극적이지 않고 씹기에도 부담이 없어 어른도 아이도 모두 좋아할 만한 밑반찬이에요.
반찬 없을 때 딱인 효자 반찬이죠.

- 통조림 참치 1캔(150g)
- 애호박 1개
- 대파 ¼대
- 다진 마늘 ½숟가락
- 통깨 약간

양념 재료

- 간장 1숟가락
- 소금 ½숟가락

1

통조림 참치는 체에 밭쳐 기름을 빼요.

2

애호박은 통썰기 한 후 4등분 하고 대파는 송송 썰어요.

3

달군 팬에 식용유를 두르고 다진 마늘, 송송 썬 대파를 넣어 약불로 볶아요.

4

파 향이 올라오면 애호박을 넣어 중불로 볶다가 양념 재료를 넣어요.

5

통조림 참치를 넣어 2~3분간 더 볶다가 통깨를 뿌려 완성해요.

이보다 더 간단할 수는 없다!

파프리카 된장무침

🥣 2인분 ⏱ 10분

10분만에 뚝딱 만들 수 있는 훌륭한 반찬이에요. 아삭거리는 파프리카의 식감과 구수한 된장이
아주 잘 어울리죠. 파프리카에서 물이 나오면 특유의 식감이 사라지므로 장기간 보관은 어려워요.
밥 먹을 때 그때그때 무쳐 먹는 게 가장 맛있게 먹는 비결이에요.

- 빨강 파프리카 1개
- 노랑 파프리카 ½개

양념 재료

- 된장 1숟가락
- 올리고당 1숟가락
- 고춧가루 ½숟가락
- 다진 마늘 ½숟가락
- 참기름 1숟가락
- 통깨 ½숟가락

1

파프리카는 한입 크기로 썰어요.

2

볼에 양념 재료를 넣고 양념장을 만들어요.

3

양념장에 파프리카를 넣고 버무려 완성해요.

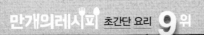

엄마의 반찬이 생각날 때

콩나물
무침

🍚 4인분 | ⏱ 20분

엄마가 생각나는 반찬은 특별한 게 아니에요. 콩나물무침 같은 사소한 반찬이 먹고 싶을 때
엄마가 생각나서 코끝이 찡해지곤 하잖아요. 쉬울 것 같아도 막상 하려고 하면 엄두가 안 나는 게
이런 나물요리들이기도 하죠. 아삭거리는 식감이 살아있게 5분간 데치는 것이 첫 번째 관문이고,
국간장과 들기름을 넣어 간을 잘 맞추는 게 두 번째 관문이에요. 두 가지 관문만 잘 통과하면
엄마표 콩나물 무침 완성!

- 콩나물 1봉지(200g)
- 쪽파 2대
- 소금 ⅓숟가락
- 통깨 약간

양념 재료

- 국간장 1숟가락
- 다진 마늘 1숟가락
- 들기름 2숟가락

1

냄비에 콩나물이 잠길 정도로 물을 붓고
소금을 넣어 끓으면 콩나물을 넣어
센 불에서 5분간 끓여요.

2

쪽파를 송송 썰어요.

3

볼에 양념 재료를 넣고 양념장을 만들어요.

4

콩나물은 찬물에 헹군 뒤 체에 밭쳐 물기를
빼요.

5

볼에 콩나물, 쪽파, 양념장을 넣어 무친 뒤
통깨를 뿌려 완성해요.

141

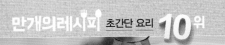

보는 재미, 먹는 재미

맛살
버섯볶음

🍚 2인분 | ⏱ 10분

맛살과 피망, 당근이 알록달록하게 들어가면 그 자체로 색깔이 너무 예뻐요. 여기에 버섯까지 더해지니
영양과 맛까지 보장하는 요리죠. 맛살에도 간이 배어있어서 간을 세게 하지 않아도 돼요.
굳기가 단단한 재료부터 하나하나 볶아주면 눈도 호강하고 입도 호강하는 밑반찬 하나 뚝딱 완성되죠.

- 맛살 ⅔팩(90g)
- 느타리버섯 ½팩(100g)
- 양파 ¼개
- 당근 ¼개
- 피망 ¼개

양념 재료

- 다진 마늘 ½숟가락
- 간장 1숟가락
- 참기름 1숟가락
- 통깨 1숟가락

1

맛살과 느타리버섯은 결대로 찢고 양파, 당근, 피망은 채 썰어요.

2

달군 팬에 식용유를 두르고 중불에서 양파, 당근, 느타리버섯, 맛살, 피망 순으로 볶아요.

3

양파가 투명해지면 다진 마늘, 간장을 넣어 중불에서 3~4분간 더 볶아요.

4

불을 끄고 참기름과 통깨를 뿌려 완성해요.

뜨거워도 좋아,
차가워도 좋아

두부조림

🍚 2인분 | ⏱ 30분

뜨거우면 뜨거운 대로 차가우면 차가운 대로 맛깔 나는 밑반찬이에요. 구운 두부에 양념을 올려 졸이면
겉은 쫄깃하고 속은 촉촉한 두부조림 완성이에요. 단단한 두부보다는 부드러운 두부를 선호한다면
찌개용 두부를 이용하는 것도 괜찮아요. 쫀득하게 입에 감기는 게 진정한 밥도둑이죠.

- 두부 1모(300g)
- 소금 약간
- 후추 약간
- 양파 ¼개
- 대파 ¼대
- 홍고추 ½개

양념 재료

- 간장 2숟가락
- 맛술 2숟가락
- 물 2숟가락
- 고춧가루 1숟가락
- 다진 마늘 ½숟가락
- 올리고당 ½숟가락

1

두부는 2등분 한 후 1cm 두께로 썰고 소금, 후추를 뿌려요.

2

양파는 채 썰고 대파와 홍고추는 송송 썰어요.

3

볼에 양념 재료를 넣고 양념장을 만들어요.

4

달군 팬에 식용유를 두르고 두부를 중불에서 앞뒤로 노릇하게 구워요.

5

구워진 두부 위에 양념장, 양파, 대파, 홍고추를 올리고 뚜껑을 닫아 중약불로 5분간 졸여 완성해요.

145

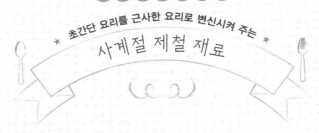

초간단 요리를 근사한 요리로 변신시켜 주는

사계절 제철 재료

똑같은 음식이라도 제철 재료로 만든 음식이 더 맛있죠.
제철 재료를 먹어야 하는 이유는 맛은 기본이고 영양까지 더욱 풍부해요.
매시기에 맞춰 싱싱한 재료로 제철 음식을 챙겨보세요.

봄(3~5월) ①

채소	봄동, 냉이, 달래, 두릅, 돌나물, 취나물, 머위대, 애호박, 양배추, 양상추, 상추, 마늘종, 고사리, 원추리, 더덕, 완두콩
해산물	바지락, 주꾸미, 꽃게, 우럭, 멸치, 미더덕, 키조개, 멍게, 갑오징어, 소라, 톳
과일	딸기, 한라봉

여름(6~8월) ②

채소	감자, 오이, 노각, 양파, 쥬키니호박, 부추, 근대, 깻잎, 파프리카, 가지, 아욱, 열무, 고구마순, 도라지, 꽈리고추, 풋고추, 피망, 호박잎, 옥수수, 토마토
해산물	장어, 갈치, 전복, 뱅어포, 해파리, 병어, 농어, 다슬기, 갑오징어, 성게
과일	참외, 포도, 복분자, 수박, 복숭아, 블루베리, 자두, 멜론, 앵두, 아보카도, 살구, 매실

가을(9~11월) ③

채소 단호박, 늙은호박, 무, 고구마, 당근, 대파, 쪽파,
고들빼기, 새송이버섯, 느타리버섯, 팽이버섯,
표고버섯, 시금치, 고춧잎나물, 브로콜리, 청경채

해산물 새우, 오징어, 고등어, 삼치, 꽁치, 광어, 낙지,
연어, 조기, 정어리, 전어, 미꾸라지, 옥돔,
모시조개, 우렁이

과일 배, 사과, 감, 키위, 무화과, 석류, 유자

겨울(12~2월) ④

채소 우엉, 연근, 배추, 시금치, 브로콜리, 콜리플라워,
미나리, 쑥갓, 갓, 무말랭이

해산물 동태, 과메기, 홍어, 황태, 코다리, 가자미,
아귀, 대구, 문어, 꼬막, 굴, 김, 홍합, 매생이,
파래, 미역

과일 귤, 레몬

반찬이 필요 없는

국, 찌개 요리

국물 없이는 밥 먹기 힘든 이들을 위한 초스피드 국, 찌개 요리!
육수 없이도, 특별한 양념장 없이도 후루룩 끓일 수 있는 요리법을 소개합니다.

육수 따위 필요 없는 초스피드
국민찌개

된장찌개

🍚 2인분 | ⏱ 15분

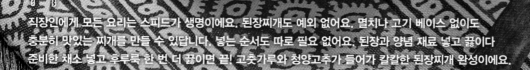

직장인에게 모든 요리는 스피드가 생명이에요. 된장찌개도 예외 없어요. 멸치나 고기 베이스 없이도
충분히 맛있는 찌개를 만들 수 있답니다. 넣는 순서도 따로 필요 없어요. 된장과 양념 재료 넣고 끓이다
준비한 채소 넣고 후루룩 한 번 더 끓이면 끝! 고춧가루와 청양고추가 들어가 칼칼한 된장찌개 완성이에요.

- 느타리버섯 1줌(50g)
- 애호박 ¼개
- 양파 ½개
- 두부 ½모
- 청양고추 2개
- 물 2종이컵

양념 재료

- 된장 2숟가락
- 고춧가루 1+½숟가락
- 다진 마늘 ½숟가락
- 설탕 ½숟가락
- 간장 ½숟가락

1

느타리버섯은 기둥을 잘라 가닥가닥
떼어주고 애호박은 반달썰기 하고 양파,
두부는 깍둑 썰고 썰고 청양고추는 송송
썰어요.

2

볼에 양념 재료를 넣고 양념장을 만들어요.

3

냄비에 물 2종이컵과 양념장, 애호박, 양파를
넣고 중불에서 한소끔 끓여요.

4

느타리버섯, 두부, 청양고추를 넣고 한소끔
끓여 완성해요.

tip 마지막에
간이 부족하다면 소금을
약간 넣어요.

시판 양념장 없이 도전!

순두부찌개

🍚 1인분 | ⏱ 15분

순두부찌개는 은근히 맛을 내기 어렵다고 생각하기 쉬운데요. 육수 없이도, 시판 양념장 없이도
보글보글 맛있게 끓일 수 있어요. 맛의 비결은 간장과 굴소스, 고춧가루, 설탕을 알맞은 비율로
섞어주는 거예요. 속이 뜨끈뜨끈해지는 순두부찌개가 금방 완성되죠.

- 순두부 1봉지
- 양파 ½개
- 대파 1대
- 물 1+¼종이컵

양념 재료

- 간장 2숟가락
- 굴소스 1숟가락
- 고춧가루 3숟가락
- 설탕 ⅓숟가락

1

양파는 깍둑 썰고 대파는 송송 썰어요.

2

볼에 양념 재료를 넣고 양념장을 만들어요.

3

냄비에 식용유를 넉넉히 두르고 양파와
대파를 넣어 중약불에서 양파가 투명해질
때까지 볶아요.

4

tip 순두부는 따로
자를 필요 없이 숟가락으로
떠서 넣어요.

양념장, 물 1+¼종이컵, 순두부를 넣은 후
한소끔 끓여 완성해요.

tip 취향에 따라
완성 전 달걀을 넣어도
좋아요.

153

고추장찌개

🍲 2인분 | ⏱ 30분

고추장찌개의 매력은 뭐니 뭐니 해도 달달하고 칼칼하면서도 걸쭉한 국물이 아닐까 싶은데요.
그래서 유독 추운 날씨에 어울리는 메뉴이기도 합니다. 따로 설탕을 넣지 않아도 찌개에 들어가는
고추장을 비롯한 채소들이 달달하고도 걸쭉한 국물을 만들어내요.
뜨거운 국물 한 수저 뜨면 으스스하던 몸에 따스한 온기가 맴돌 거예요.

- 통조림 참치 1캔(150g)
- 느타리버섯 ¼팩(50g)
- 양파 1개
- 감자 2개
- 대파 ¼대
- 청양고추 2개
- 물 3종이컵

양념 재료

- 고추장 2숟가락
- 고춧가루 1숟가락
- 다진 대파 2숟가락
- 다진 마늘 ½숟가락
- 소금 약간
- 후추 약간

1

느타리버섯은 기둥을 잘라 가닥가닥 떼어주고 양파는 굵게 채 썰고 감자는 통 썰고 대파와 청양고추는 어슷 썰어요.

2

냄비에 식용유를 두르고 감자를 넣어 중불에서 볶아요.

3

감자 모서리가 익으면 물 3종이컵을 붓고 고추장, 고춧가루를 넣고 중불로 끓여요.

4

감자가 반 정도 익으면 기름을 뺀 통조림 참치, 느타리버섯, 양파, 청양고추, 다진 마늘, 다진 대파를 넣어 한소끔 끓인 뒤 소금, 후추, 대파를 넣어 완성해요.

포슬포슬 햇감자로 만드는

감잣국

🥣 2인분 · ⏱ 15분

🍴🥄

고추장찌개가 겨울 요리라면 감잣국은 단연 여름 요리예요. 포슬포슬한 햇감자가 나오는 여름에
가장 맛있기 때문이죠. 감잣국의 핵심은 감자를 찬물에 담가 전분기를 제거하는 거예요.
그래야 탁하지 않고 맑고 깨끗한 국을 만들 수 있어요. 밥을 말아 먹어도 맛있지만
밀가루 반죽을 몇 점 떼 넣으면 곧바로 수제비로 대변신! 기호에 맞게 먹을 수 있어 좋은 요리예요.

- 감자 2개
- 마늘 5개
- 양파 ⅓개
- 대파 ½대
- 청양고추 1개
- 소금 약간

육수 재료

- 물 5종이컵
- 멸치 10마리
- 다시마 1장
- 파뿌리 1개

1

tip 물이 끓으면 다시마를 건져야 육수가 탁해지지 않아요.

냄비에 육수 재료를 넣고 센 불에서 끓여요. 물이 끓으면 중약불로 줄여 5~10분간 더 끓인 뒤 체에 걸러요.

2

tip 감자를 찬물에 담그면 전분기가 제거돼요.

감자는 껍질을 벗겨 반달썰기 한 뒤 찬물에 담가 건져요.

3

마늘은 굵게 다지고 양파는 채 썰고 대파와 청양고추는 어슷 썰어요.

4

냄비에 육수를 붓고 감자를 넣어 한소끔 끓이다가 굵게 다진 마늘과 양파를 넣어 2~3분간 중약불로 끓여요.

5

청양고추, 소금, 대파를 넣어 완성해요.

느끼함을 잡아주는 속 편한 음식

팽이버섯 된장국

🍚 4인분 | ⏱ 15분

기름진 요리나 매운 요리를 먹을 때 곁들이면 좋은 국이에요. 된장을 체에 걸러
맑고 깨끗하게 끓여 느끼하거나 매운 속을 부드럽게 보듬어줘요.
남은 국에 밥을 넣고 보글보글 끓이면 팽이버섯된장죽이 된답니다.
국과는 또 다른 매력을 뽐내는 요리죠.

- 팽이버섯 ⅔봉지(100g)
- 대파 1대(20g)
- 된장 2숟가락
- 멸치가루 1숟가락
- 물 5종이컵
- 소금 약간
- 후추 약간

1

팽이버섯은 밑동을 잘라 2등분 하고 대파는 길게 채 썰어요.

2
tip 체에 걸러 넣으면 국물이 보다 깔끔해요.

냄비에 물 5종이컵을 붓고 된장을 체에 걸러 넣어요.

3
tip 멸치가루가 없는 경우 멸치육수로 대체 가능해요.

멸치가루를 넣고 한소끔 끓인 뒤 팽이버섯을 넣고 센 불에서 3~4분간 더 끓여요.

4

채 썬 대파, 소금, 후추를 넣고 중불로 한소끔 끓여 완성해요.

159

뭉근하게 끓여 기운 보충!

소고기 뭇국

🍚 4인분 · ⏱ 30분

무는 국으로 끓이면 달달하고 시원한 맛을 내줘요. 뭉근하게 오래도록 끓일수록 맛이 깊어지죠.
거기에 소고기가 더해지니 감칠맛이 배가돼요. 먹을수록 힘이 불끈불끈 솟아나서 기력 보충에 특히 좋답니다.
기가 허한 날 스스로를 위해 끓여보세요.

- 소고기 양지 ½팩(150g)
- 무 1/3개(200g)
- 대파 1대
- 다시마 육수 3+½종이컵
- 참기름 1숟가락

양념 재료

- 국간장 1숟가락
- 다진 마늘 1숟가락
- 맛술 ½숟가락
- 소금 약간

1

무는 나박 썰고 대파는 송송 썰고 소고기는
먹기 좋은 크기로 썰어요.

2

소고기에 양념 재료를 넣고 밑간해요.

3

냄비에 참기름 1숟가락을 두르고 밑간한
소고기를 넣어 센 불에서 볶아요.

4

소고기의 핏물이 거의 없어지면 무를 넣고
중불에서 3~4분간 볶아요.

5

tip 다시마 육수는
찬물에 다시마 3~4장을
넣고 하루 동안 우려
만들어요.

다시마 육수를 붓고 한소끔 끓인 후 소금,
대파를 넣어 약불에서 4분간 더 끓여 완성해요.

칼칼하다! 시원하다! 맛있다!

오징어 뭇국

🥣 2인분 ⏱ 30분

칼칼하고 시원한 국물에 밥 한술 술술 말아 먹기 좋아요. 무와 오징어가 만났으니 시원함은 기본이고,
고춧가루와 청양고추를 넣어서 칼칼하니 입맛을 당겨요. 해장국으로도 좋고 술안주로도 좋은
일석이조 메뉴예요.

- 오징어 ½마리
- 무 1/4개(150g)
- 대파 ½대
- 청양고추 1개
- 다시마 3장
- 물 4종이컵

양념 재료

- 고춧가루 2숟가락
- 다진 마늘 ½숟가락
- 간장 2숟가락
- 맛술 1숟가락
- 소금 ⅓숟가락

1

무는 나박 썰고 대파와 청양고추는 송송 썰고
손질한 오징어는 한입 크기로 썰어요.

2

냄비에 물 4종이컵을 붓고 다시마를 넣어
센 불에서 5분간 끓인 뒤 다시마를 건져요.

3

나박 썬 무, 고춧가루, 다진 마늘을 넣고
중불에서 무가 투명해질 때까지 끓여요.

4

오징어, 대파, 청양고추, 간장, 맛술을 넣어
한소끔 끓인 뒤 소금을 넣어 완성해요.

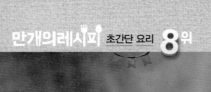

쌀쌀한 날 생각나는

매운
어묵탕

🍽 2인분 | ⏱ 30분

옷깃을 여미는 추운 날씨에 호호 불어가며 먹어요. 휴대용 버너에 즉석으로 보글보글
끓여 먹기에도 좋죠. 뭉근하게 익은 무를 간장에 콕 찍어 먹으면 별미 중의 별미예요.
소주 한잔이 생각이 생각나는 메뉴랍니다.

- 모둠 어묵 1봉지(340g)
- 무 ¼개(150g)
- 양파 ½개
- 대파 ⅓대
- 홍고추 1개

양념 재료

- 고춧가루 1+½숟가락
- 국간장 1+½숟가락
- 액젓 1숟가락
- 다진 마늘 ½숟가락

육수 재료

- 멸치 8마리
- 다시마(5cm×5cm) 1장
- 물 5종이컵

1

무는 나박 썰고 양파는 채 썰고 대파와
홍고추는 어슷 썰어요.

2

사각 어묵은 꼬치에 꽂고 나머지 어묵은
한입 크기로 썰어요.

3

tip 물이 끓으면
다시마를 건져야 육수가
탁해지지 않아요.

냄비에 육수 재료를 넣어 센 불로 끓이다가
물이 끓으면 중약불로 줄여 5~10분간
끓인 뒤 체에 걸러요.

4

냄비에 멸치 다시마 육수를 붓고 무, 양파를
넣어 센 불에서 한소끔 끓여요.

5

어묵을 넣고 중불에서 양파가 투명해질
때까지 끓인 후 양념 재료, 대파, 홍고추를
넣고 1~2분간 더 끓여 완성해요.

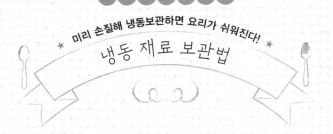

채소류 (2~3개월 이내 보관)

① 대파
송송 썰어 지퍼백에 담는다.

② 마늘, 고추
다져서 지퍼백에 넣어 얼린 후 한 번 먹을 양만큼 떼어내 쓰기 좋도록
칼등이나 젓가락으로 사각형의 금을 내어준다.

③ 감자&당근
껍질을 벗겨 먹기 좋은 크기로 썬 후 지퍼백에 담는다.

고기류 (6개월 이내 보관)

① 소고기 (다진 소고기)
한 번 먹을 만큼 나눠 지퍼백에 담는다.

② 돼지고기 (삼겹살, 목살)
한 번 먹을 만큼 랩으로 감싼 후 지퍼백에 담는다.

③ 닭고기 (가슴살, 안심)
랩으로 한 덩어리씩 감싼 후 지퍼백에 담는다.

해산물류 (3개월 이내 보관)

① 오징어
장, 뼈, 눈, 입을 제거하고 먹기 좋은 크기로 썬 후 지퍼백에 담는다.

② 생선 (동태, 고등어 등)
내장, 지느러미를 제거하고 생선을 먹기 좋은 크기로 썬 후
지퍼백에 한 번 먹을 분량씩 담는다.

③ 새우
내장, 껍질, 머리를 제거한 후 지퍼백에 담는다.

먹고, 마시고, 해장하라!

술안주 & 해장국 요리

마시고 싶을 때 마시는 것이 술을 대하는 자의 예의! 이자카야에 온 듯, 한식주점에 온 듯
집 안에서 펼쳐지는 술안주의 대향연! 마시는 순간부터 해장하는 순간까지 모든 것을 책임집니다.

원샷을 부르는
주당들의 소울푸드

골뱅이무침

🍚 2인분 ⏱ 15분

맥주에도, 소주에도, 막걸리에도 어울리는 주당들의 단골 요리예요. 골뱅이무침 한 점에 한 잔, 두 잔
기울이다 보면 시간 가는 줄 모르죠. 골뱅이무침의 핵심은 매콤새콤한 양념인데요. 가장 중요한 것은
양념들의 비율을 적절히 맞추는 거예요. 남은 양념에 소면을 비비면 최고라는 건 다들 알고 계시죠?

- 통조림 골뱅이 1캔(400g)
- 양배추 1/6개(100g)
- 양파 1개
- 오이 1개
- 당근 ¼개
- 깻잎 5장
- 참기름 2숟가락
- 통깨 ½숟가락

양념 재료

- 고추장 2숟가락
- 고춧가루 3+½숟가락
- 간장 2숟가락
- 설탕 2+½숟가락
- 식초 5숟가락
- 다진 마늘 1숟가락

1

양배추, 양파, 오이, 당근, 깻잎을 채 썰어요.

2

tip 골뱅이 크기가 크면 2등분 해요.

골뱅이는 체에 밭쳐 물기를 빼요.

3

볼에 양념 재료를 넣고 양념장을 만들어요.

4

볼에 골뱅이, 채소, 양념 재료를 넣고 무친 후 참기름을 두르고 통깨를 뿌려 완성해요.

소시지의 새로운 변신

소시지강정

🍚 2인분 | ⏱ 30분

구워 먹는 소시지 요리가 지겨울 때 도전해보세요. 칼집을 내는 방향에 따라
다양한 모양을 만들 수 있어 만드는 재미도, 먹는 재미도 쏠쏠한 안주죠.
고소한 땅콩이 어우러져 더욱 맛있답니다.

- 비엔나소시지 1팩(260g)
- 다진 땅콩 2숟가락

양념 재료

- 설탕 1숟가락
- 물엿 1숟가락
- 간장 ½숟가락
- 케첩 ½숟가락
- 물 2숟가락
- 다진 마늘 ½숟가락

> tip 끓는 물에
> 비엔나소시지를 데치면
> 염분과 나쁜 첨가물이
> 빠져요.

1

비엔나소시지 끝에 십자 모양의 칼집을
내요.

2

끓는 물에 비엔나소시지를 1분간 데쳐 체에
밭쳐요.

3

달군 팬에 식용유를 두르고 소시지를
센 불에서 튀기듯 1분 정도 익혀요.

4

양념 재료를 넣고 센 불에서 30초 정도
섞은 후 불을 끄고 다진 땅콩을 뿌려 완성해요.

마니아들을 거느리고 있는 마성의

콘치즈

🍚 2인분 ⏱ 10분

술집의 사이드메뉴로 종종 나오는 콘치즈예요. 이걸 유독 좋아해서 몇 번이나
리필해 먹는 사람이 있을 텐데요. 더 이상 눈치 보며 리필하지 말고 푸짐하게 만들어
원 없이 먹어보아요. 눈치 보며 리필했던 지난날이 후회될 만큼 요리 과정은 간단합니다.
옥수수통조림에 버터와 마요네즈, 피자치즈만 있으면 자꾸만 자꾸만 손이 가는 마성의 콘치즈를
완성할 수 있죠.

- 통조림 옥수수 ½캔(150g)
- 버터 1숟가락
- 마요네즈 2숟가락
- 피자치즈 ⅓종이컵
- 파슬리 약간

1
통조림 옥수수는 체에 밭쳐 물기를 빼요.

2
달군 팬에 중약불로 버터를 녹인 후 옥수수를 넣고 색이 살짝 노릇해질 때까지 볶아요.

3
마요네즈를 넣어 섞은 후 피자치즈를 올리고 약불에서 녹여요.

4
파슬리가루를 뿌려 완성해요.

막걸리와 환상 궁합

깻잎맛살전

🍚 3인분 | ⏱ 15분

비가 부슬부슬 오는 밤, 막걸리 생각이 날 때 좋아요. 맛살에 깻잎을 돌돌 말아 달걀 물에 굽기만 하면
간단한 재료로 지글지글 전을 부칠 수 있죠. 맛살도 깻잎도 생으로 먹어도 되는 만큼
달걀만 살짝 익히면 금방 완성된답니다. 한입 베어 물 때 은은하게 번지는 구운 깻잎 향을 느껴보세요.

- 맛살 12줄
- 깻잎 24장
- 부침가루 5숟가락
- 달걀 2개
- 소금 약간

1

깻잎은 꼭지를 제거하고 맛살은 깻잎 길이에
맞춰 2등분 해요.

2

달걀에 소금을 넣고 풀어요.

3

맛살에 부침가루를 묻힌 후 깻잎에 돌돌
말아요.

4

tip 말아진
끝부분부터 익히면
잘 풀어지지 않아요.

③에 부침가루를 묻힌 후 달걀물을 묻혀요.
달군 팬에 식용유를 두른 후 말아진
끝부분부터 넣어 앞뒤로 2분씩 중약불로
구워 완성해요.

맥주에 어울리는 독일식

치즈 감자전

🍲 4인분 | ⏱ 30분

편의점에는 4개에 만 원 하는 세계맥주들이 가득하잖아요. 비행기 타고 세계 일주는 못해도 집에서 맥주로 세계 일주를 해보자 싶을 때 어울리는 메뉴입니다. 밀가루 없이 오직 감자와 치즈로 만들 수 있는 독일식 감자전이에요. 에딩거나 크롬바커 같은 독일 맥주와 먹을 때 왠지 더 딱이겠죠?

- 감자 2개
- 피자 치즈 2종이컵
- 소금 약간
- 후추 약간

1

감자는 껍질을 벗긴 후 얇게 채 썰어요.

2

볼에 채 썬 감자, 피자 치즈, 소금, 후추를
넣고 섞어요.

3

달군 팬에 식용유를 두르고 ②를 한 숟가락씩
떠서 펼쳐 올려요.

4

앞뒤가 노릇해질 때까지 중약불에서 구워
완성해요.

tip 취향에 따라
케첩을 뿌려 먹어요.

한입 베어 무는 재미가 가득

베이컨
치즈떡말이

2인분 | 10분

회사 일로 스트레스에 가득한 채 퇴근했다면 저녁은 건너뛰고 당장 맥주 한 캔부터 마시고 싶을 텐데요.
그럴 때일수록 스스로를 위한 안주 하나쯤은 챙겨야죠. 스트링치즈와 떡을 베이컨에 돌돌 말아 구우면
쫀득하고 고소한 맛이 일품인 술안주를 10분 안에 완성할 수 있어요.
한입 베어 물면, 쭉 늘어난 스트링치즈가 스트레스를 한방에 날려줄 거예요.

- 베이컨 1팩(110g)
- 떡볶이 떡 6개
- 스트링치즈 3개
- 후추 약간

선택 재료

- 칠리소스 약간

1

베이컨은 2등분 하고 떡볶이 떡과
스트링치즈는 세로로 길게 반 잘라요.
스트링치즈는 떡 길이에 맞춰 한 번 더 썰어요.

2

베이컨에 떡과 스트링치즈를 하나씩 넣고
돌돌 말아 꼬치에 3개씩 꽂아요.

3

tip 칠리소스에
찍어 먹으면 더욱
맛있어요.

달군 팬에 식용유를 두른 후 키친타월로
닦고 꼬치를 올려요. 후추를 뿌린 뒤 중약불에서
앞뒤로 노릇하게 구워 완성해요.

매워할 자유, 미워할 자유

매운
콩나물잡채

🍚 4인분 · ⏱ 30분

어디든 유독 얄미운 사람이 있잖아요. 그 사람이 오늘 내 심기를 건드렸다면
맵게, 그것도 아주 맵게 콩나물잡채를 만들어보는 건 어때요?
아삭거리는 콩나물을 씹으며 그 사람도 같이 씹는 거예요.
거기다 소주 한 잔까지 캬! 기분이 좀 풀릴 거예요.

- 당면 2줌(200g)
- 콩나물 1/2봉지(100g)
- 양파 ⅔개
- 당근 ⅓개
- 대파 ½대
- 청양고추 1개
- 참기름 1숟가락
- 통깨 약간

양념 재료

- 고추장 1숟가락
- 고춧가루 1+½숟가락
- 간장 3숟가락
- 설탕 1숟가락
- 올리고당 1+½숟가락
- 다진 마늘 ½숟가락
- 물 1+½종이컵

1

당면은 찬물에 20~30분 이상 불려요.

2

양파와 당근은 채 썰고 대파와 청양고추는
어슷 썰어요.

3

달군 팬에 식용유를 두르고 양념 재료와
불린 당면을 넣고 중불에서 한소끔 끓여요.

4

채 썬 양파와 당근, 콩나물을 넣고 잘 섞이도록
볶아요. 어슷 썬 대파와 청양고추를 넣고 불을
끈 후 참기름과 통깨를 뿌려 완성해요.

풍미로 끝낸다!

오징어 버터구이

🍚 2인분 | ⏱ 30분

고소한 냄새에 이끌려 한 번쯤은 사 먹어 본 적 있으시죠? 마늘과 버터, 설탕이 섞인 고소한 풍미로 인해
요리를 완성하기도 전에 맥주 한 모금을 먹게 될지도 몰라요. 영화를 보며 맥주를 마실 때
최고로 어울리는 술안주예요. 생각보다 많이 먹게 되니 넉넉하게 만들어도 좋아요.

- 마른 오징어 1마리
- 버터 2숟가락
- 다진 마늘 1숟가락
- 설탕 1숟가락
- 소금 약간

선택 재료

- 파슬리가루 약간

tip 부드러운 식감을 원하면 반건조 오징어를 사용해요.

1

마른 오징어는 따뜻한 물에 담가 20~30분간 불려요.

2

오징어 몸통 가장자리에 가위로 칼집을 넣어요.

3

달군 팬에 버터를 녹이고 다진 마늘, 설탕, 소금, 파슬리가루를 넣고 약불로 한소끔 끓여요.

4

오징어를 넣고 양념을 앞뒤로 고루 묻혀가며 약불에서 노릇하게 구워 완성해요.

바지락과 청주,
이것이야말로 최고의 궁합

바지락찜

🍚 2인분 | ⏱ 15분

바지락과 청주가 만나면 무엇을 상상하든 그 이상이에요. 일단 최고의 풍미를 자랑하는 육수가
만들어집니다. 술안주로도 좋고 해장으로도 좋은 궁극의 맛이 탄생하죠. 여기에 청양고추와 버터를 가미하면
술을 부르는 마성의 안주가 되는 거예요. 요리 하고 남은 청주와 함께 먹으면 최고의 궁합을 자랑한답니다.
청주는 요리 재료로도 쓰고, 술로도 마실 수 있어 일석이조죠.

- 손질한 바지락 2+½봉지(500g)
- 청양고추 1개
- 청주 ½종이컵
- 물 ½종이컵
- 다진 마늘 1숟가락
- 버터 1숟가락
- 소금 약간

1

청양고추는 송송 썰어요.

2

달군 팬에 버터를 녹이고 다진 마늘,
청양고추를 넣고 중약불에서 볶아요.

3

손질 바지락, 청주, 물 ½종이컵을 넣고 잘
섞은 후 뚜껑을 덮고 중불에서 5분간 끓여요.

4

소금으로 간을 맞춰 완성해요.

치느님 부럽지 않은 닭요리

닭봉조림

🍴 2인분 | ⏱ 30분

치킨의 자리를 넘볼 안주라 감히 말할 수 있어요. 특히 튀기거나 굽는 요리가 부담스러울 때
어울리는 안주죠. 양념장과 닭봉을 넣고 끓이기만 하면 완성되는 최고로 간단하지만,
최고의 맛을 자랑하는 요리랍니다. 치킨을 배달시키는 시간보다 빠르게 만들 수 있어요.
맛 역시 뒤지지 않으니 시키지 말고 일단 만들어봅시다.

- 닭봉 1+⅔팩(500g)
- 우유 1종이컵
- 대파 2대
- 마늘 3개

양념 재료

- 간장 3+½숟가락
- 설탕 2숟가락
- 맛술 2숟가락
- 소금 약간
- 후추 약간
- 물 ½종이컵

1

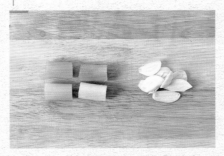

대파는 3cm 길이로 통 썰고 마늘은 얇게 썰어요.

2

tip 닭봉을 우유에 담가주면 누린내가 제거돼요.

닭봉은 우유에 20~30분간 담가 물에 헹궈요.

3

볼에 양념 재료를 넣고 양념장을 만들어요.

4

tip 매운맛을 원하시면 청양고추를 송송 썰어 마지막에 넣어요.

팬에 닭봉, 대파, 편 마늘, 양념장을 넣고 중약불에서 닭봉이 익을 때까지 끓여 완성해요.

청주에 어울리는 이자까야 요리

쇼가야끼

🍚 2인분   🕐 30분

청주가 당기는 날엔 집에서 이자까야 요리를 즐겨보아요. 일본어로 '쇼가'는 '생강'이고
'야끼'는 '구운 것'을 의미하니, 쇼가야끼는 '일본식 생강구이' 정도가 되겠네요.
이 요리의 핵심은 돼지고기를 생강 양념장에 15분 정도 재워두는 건데요,
육질이 훨씬 부드럽고, 양념이 속속 밴 쇼가야끼를 먹을 수 있으니 조금의 인내를
발휘해보는 것이 좋습니다.

- 돼지고기(목살) 1팩(300g)
- 양배추 3장

양념 재료

- 간장 2숟가락
- 맛술 2+½숟가락
- 꿀 1숟가락
- 다진 생강 ½숟가락

1
양배추는 채 썰고 돼지고기는 먹기 좋은 크기로 썰어요.

2
볼에 양념 재료를 넣고 양념장을 만들어요.

3
양념장에 돼지고기를 넣고 15분간 재워요.

4
달군 팬에 식용유를 약간 두르고 재운 돼지고기를 중불에서 앞뒤로 구워요.

5
그릇에 채 썬 양배추를 깔고 구운 돼지고기를 올려 완성해요.

숙취를 해결하는 기본 정공법

콩나물국

🍚 3인분 ⏱ 15분

어제 마신 술로 머리는 지끈지끈, 속은 울렁울렁거린다면 콩나물국으로 해장을 하는 것이
기본 중의 기본이죠. 콩나물 속에 함유된 아스파라긴산은 알코올 분해를 돕고, 간을 보호하여
피로 해소와 숙취 제거에 제격입니다. 다시마를 넣고 끓인 물에 콩나물과 채소를 넣으면
완성되는 간편한 요리라는 것도 큰 매력이죠.

- 콩나물 ½봉지(100g)
- 대파 1대
- 마늘 3개
- 청양고추 1개
- 소금 1숟가락

육수 재료

- 물 5종이컵
- 다시마 1장

tip 물이 끓으면 다시마를 건져야 육수가 탁해지지 않아요.

1 냄비에 육수 재료를 넣고 중약불에서 한소끔 끓여요.

2 마늘은 얇게 썰고 대파와 청양고추는 어슷 썰어요.

3 다시마 육수에 콩나물, 소금을 넣어 센 불에서 한소끔 끓여요.

4 편 마늘, 청양고추, 대파를 넣고 중불에서 콩나물이 투명해질 때까지 끓여 완성해요.

숙취해소계의 신흥강자

달걀국

2인분 | 30분

달걀도 콩나물 못지않게 숙취 해소에 좋은 음식인데요. 냉장고에 달걀 정도는 필수템으로 있는 편이니까 언제든지 만들 수 있다는 게 가장 큰 장점이에요. 달걀 속에 들어 있는 레시틴이라는 성분이 알코올을 분해하는 일등공신이에요. 육수에 부드럽게 풀어진 달걀이 속을 부드럽게 보듬어주어서 술 마신 다음 날 후루룩 후루룩 마시기에 아주 좋은 음식이랍니다.

- 달걀 3개
- 대파 ¼대
- 소금 약간
- 멸치액젓 ½숟가락

육수 재료

- 물 5종이컵
- 멸치 8마리
- 다시마 1장

1

달걀은 소금을 넣고 풀어요.

2

tip 물이 끓으면 다시마를 건져야 텁텁하지 않아요.

냄비에 육수 재료를 넣고 중약불에서 한소끔 끓여요.

3

물이 끓으면 다시마와 멸치를 꺼낸 후 멸치액젓을 넣고 중불로 줄여요.

4

tip 20~30초 지난 후 저어야 달걀이 뭉쳐져 지저분하지 않아요.

달걀물을 크게 원을 그리듯 천천히 부어요.

5

대파를 송송 썰어 넣어 완성해요.

황태와 누룽지의 해장 콜라보레이션

황태
누룽지탕

🍚 2인분 | ⏱ 30분

황태와 누룽지가 만나면 숙취 해소는 시간문제예요. 황태에는 간을 보호해주는 아미노산성분이 풍부해서
숙취 해소에 효과적이고요. 누룽지가 육수에 풀어지면 부드럽게 속을 보듬어줘요. 숙취로 울렁거리는 속을
황태와 누룽지로 꼭 잡아보세요.

- 누룽지 2개(100g)
- 황태채 1종이컵
- 물 5종이컵
- 참기름 ½숟가락
- 소금 ½숟가락
- 다진 마늘 ½숟가락
- 까나리액젓 1숟가락
- 쪽파 1대

1

누룽지는 잘게 부숴요.

2

황태채는 먹기 좋은 길이로 잘라요.

3

냄비에 누룽지, 황태채를 넣고 물 5종이컵을
부어 중불에서 끓여요.

4

끓는 황태누룽지탕에 참기름, 소금을 넣고
뚜껑을 닫아 중약불에서 한소끔 끓여요.

5

다진 마늘과 까나리액젓을 넣어요.

6

불을 끄고 송송 썬 쪽파를 올려 완성해요.

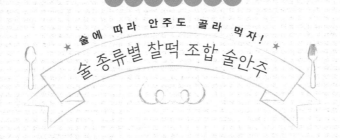

① 시원한 맥주에는 단짠 안주가 최고!

콘치즈174쪽 **+ 치즈감자전**178쪽 **+ 닭봉조림**188쪽 **+ 오징어버터구이**184쪽

② 소주의 쓴맛을 달래는 매콤칼칼한 안주!

골뱅이무침170쪽 **+ 매운콩나물잡채**182쪽 **+ 바지락찜**186쪽

막걸리 특유의 풍미를 살리는 요리 ③

깻잎맛살전 176쪽 **+ 소시지강정** 172쪽

고급진 분위기에 딱! 레드와인 ④

쇼가야끼 190쪽 **+ 베이컨치즈떡말이** 180쪽

출근 전 바쁜 나를 위한

스피드 요리

바쁜 아침, 나를 위한 초스피드 요리!
짧은 시간에 최소의 재료로 최고의 맛을 내는 레시피만 모았어요.
나를 사랑하는 기술, 스피드 요리법으로 힘 불끈 나는 하루 시작하세요.

최소 재료로 최고의 맛을 내는

단무지 주먹밥

🍚 1인분 ⏱ 10분

네 가지 재료로 최고의 맛을 내요. 별다른 반찬 없이 한 끼 거뜬히 해결할 수 있는 요리죠.
불을 사용하지 않아도 될 뿐더러 조리 과정이 간단해서 출근 전이나 운동 전 간단한 요기를 하기에 좋아요.
꼬들꼬들한 단무지와 부드러운 치즈, 그리고 고소한 깨소금과 참기름이 화룡점정으로 더해지면
속이 편하면서도 자꾸만 손이 가는 주먹밥이 완성된답니다.

- 밥 1공기
- 단무지 원형 슬라이스 3개
- 체다슬라이스치즈 1장
- 조미김 1봉지

양념 재료

- 참기름 1숟가락
- 통깨 1숟가락

1

단무지, 체다슬라이스치즈는 잘게 썰어요.

2

조미김은 위생비닐에 넣어 비벼가며 잘게
부숴요.

3

볼에 밥과 단무지, 체다슬라이스치즈, 조미김,
양념 재료를 넣어 섞은 뒤 한입 크기로 빚어
완성해요.

후닥닥 만들어 영양까지 고루 챙기는

토마토 스크램블

🍽 1인분 | ⏱ 10분

스크램블 안에 토마토를 넣으면 달걀 특유의 고소함에 상큼함과 풍부한 맛을 더할 수 있어요.
토마토는 열에 익히면 체내 흡수율이 높아지고 칼로리도 높지 않아 다이어트식으로도 좋습니다.
후다닥 만들어 영양까지 골고루 챙겨보세요. 가볍게 먹을 수 있어 아침식사로 안성맞춤이랍니다.

- 토마토 1개
- 달걀 2개
- 우유 1+½숟가락
- 맛술 1숟가락
- 소금 약간

토마토는 꼭지를 제거하고 한입 크기로 썰어요.

볼에 달걀을 풀고 우유, 맛술, 소금을 넣어 섞어요.

달군 팬에 식용유를 약간 두른 후 달걀물을 붓고 중불에서 스크램블을 만들어 건져요.

달군 팬에 식용유를 약간 두르고 토마토를 넣어 중불에서 1분간 볶은 후 스크램블을 섞어 완성해요.

속을 데워주는 따스한 요리

옥수수 수프

🥣 2인분 | ⏱ 30분

패밀리레스토랑에서 먹었던 따끈한 수프를 집에서 만들어봐요. 프라이팬에 버터와 양파, 옥수수를
볶아주는 과정은 고소한 풍미를 최고치로 올리는 과정이라고 할 수 있어요. 이것을 믹서기에 넣고 간 뒤
우유와 함께 한소끔 더 끓여주면 마음까지 따스하게 만들어주는 수프 한 그릇 완성!
모닝빵을 찍어 먹으면 더 맛있다는 점 잊지 마세요.

- 통조림 옥수수 1캔(340g)
- 양파 ½개
- 슬라이스치즈 1장
- 우유 2종이컵
- 버터 1숟가락
- 소금 약간
- 후추 약간

선택 재료

- 파슬리가루 약간

1

양파는 채 썰고 통조림 옥수수는 체에 밭쳐 물기를 빼요.

2

달군 팬에 버터를 중불로 녹인 후 채 썬 양파를 볶다가 양파가 투명해지면 통조림 옥수수를 넣고 3분간 볶아요.

3

믹서기에 ②와 우유 ½종이컵을 넣고 갈아요.

4

냄비에 ③과 우유 1+½종이컵을 넣고 중불로 한소끔 끓여요.

5

슬라이스치즈를 넣고 소금, 후추를 뿌려 1~2분간 더 끓인 뒤 불을 끄고 파슬리가루를 뿌려 완성해요.

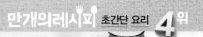

옛날 맛, 추억의 맛 그대로

샐러드빵

🍚 4인분 | ⏱ 20분

어린 시절, 엄마 따라 시장에 갔을 때 사 먹었던 그 '사라다빵'이에요. 채 썬 채소와 맛살을 넣고
마요네즈로 버물버물 하면 아삭아삭 씹는 맛이 일품인 샐러드빵을 완성할 수 있답니다.
다 만든 샐러드빵은 속이 훤히 보이는 랩에 꽁꽁 싸주어야 옛날 먹던 그 비주얼을 완성시킬 수 있어요.
엄마와 도란도란 나눠 먹으며 추억에 잠겨보세요.

- 모닝빵 8개
- 사과 ⅓개
- 양배추 ⅒개(60g)
- 당근 ⅓개
- 맛살 4줄
- 케첩 취향껏

양념 재료

- 마요네즈 5숟가락
- 설탕 1숟가락

1

사과, 양배추, 당근은 얇게 채 썰고 맛살은 결대로 찢어요.

2

볼에 ①과 양념 재료를 넣고 버무려요.

3

모닝빵 가운데에 칼집을 낸 후 달군 팬에 올리고 중불에서 바삭하게 구워요.

4

구운 모닝빵에 버무려둔 샐러드를 채운 후 케첩을 뿌려 완성해요.

초간단 요리 **5**위

불맛 가득 씹는 맛이 고소한

구운
참치주먹밥

🍚 3인분 | ⏱ 20분

주먹밥을 불에 구우면 겉은 바삭, 속은 촉촉해져요. 여기에 달달하고 짭짤한 양념을 바르니
그 맛은 더 배가되죠. 밥에 참치마요네즈를 넣는데 자꾸만 속이 빠져나오거든
랩이나 비닐백을 이용해보세요. 삼각김밥 틀 하나를 사서 편리하게 만들 수도 있죠.
어렵게 만들 필요는 없어요. 만들기 쉽고 맛있는 요리가 최고예요.

- 밥 1+½공기
- 통조림 참치 1캔(150g)
- 마요네즈 2숟가락

양념 재료

- 간장 3숟가락
- 맛술 3숟가락
- 올리고당 2숟가락
- 물 5숟가락

1

볼에 기름을 뺀 통조림 참치와 마요네즈를 넣고 섞어요.

2

팬에 양념 재료를 넣고 약불에서 한소끔 끓여요.

3

tip 모양 잡기가 어렵다면 랩이나 비닐백에 참치를 넣은 밥을 감싸 뭉쳐요.

밥에 참치마요네즈를 넣고 삼각김밥 모양을 만들어요.

4

달군 팬에 식용유를 약간 두르고 주먹밥을 약불에서 앞뒤로 노릇하게 구워요.

5

솔에 양념(②)을 묻혀 주먹밥에 발라요.

6

달군 팬에 식용유를 약간 두르고 양념 주먹밥을 약불에서 앞뒤로 구워 완성해요.

동글동글 말아 한입에 쏙쏙

맛살 주먹밥

🍲 2인분 | ⏱ 10분

마요네즈와 참치만큼 마요네즈와 맛살도 환상 궁합을 자랑해요. 주먹밥에 맛살과 마요네즈를 넣으면
한층 더 부드럽고 고소한 맛으로 업그레이드된답니다. 거기에 단무지까지 아삭아삭 씹히니 맛은 두 배!
동글동글 말아 한입에 쏙쏙 들어가는 맛살 주먹밥을 만들어보세요.

- 맛살 4줄
- 밥 1공기
- 단무지 원형 슬라이스 2개
- 김가루 1종이컵

양념 재료

- 마요네즈 2숟가락
- 참기름 약간
- 소금 약간
- 통깨 1숟가락

1

맛살은 결대로 찢고 단무지는 잘게 다져요.

2

볼에 밥, 참기름, 소금, 통깨를 넣고 섞어요.

3

②에 맛살, 단무지, 마요네즈를 넣고 섞어요.

4

양념한 밥을 한입 크기로 동그랗게 만든 후 김가루에 굴려 완성해요.

집에서 만드는 카페 브런치

프렌치 토스트

🍚 2인분 | ⏱ 10분

근사한 브런치를 집에서도 손쉽게 만들 수 있어요. 촉촉한 빵을 만드는 비결은 달걀에 우유를 섞는 건데요.
우유를 섞은 달걀 물에 식빵을 담가 버터로 구우면 고소한 향기가 온 집안에 진동하죠.
여기에 슈가파우더를 뿌리면 달콤한 맛을 더할 뿐 아니라 하얀 눈이 쌓인 것 같은
멋스러운 플레이팅이 완성돼요. 한 주 동안 수고한 나에게 주는 작은 선물이 될 겁니다.

- 식빵 4장
- 달걀 3개
- 소금 약간
- 우유 ½종이컵
- 버터 1숟가락
- 설탕 1숟가락

선택 재료
- 슈가파우더 적당량

1

볼에 달걀을 풀고 소금, 우유를 넣어 섞어요.

2

달걀물에 식빵을 담가 적셔요.

3

달군 팬에 버터를 녹이고 달걀옷을 입힌
식빵(②)을 중불에서 앞뒤로 노릇하게
구워요.

4

tip 슈가파우더를
체에 넣어 뿌리면 더욱
예뻐요.

설탕을 뿌려 완성해요.

손쉽게 끝내는 피크닉 메뉴

참치
샌드위치

🍚 2인분 · ⏱ 30분

칼로리는 낮고 영양은 가득한 참치샌드위치예요. 간편하게 만들 수 있어 피크닉 메뉴로도 손색이 없죠.
참치는 기름을 쏙 빼주어야만 빵이 축축해지는 것을 막을 수 있어요. 다 만든 샌드위치를
예쁜 포장지에 싼 뒤 속이 보이도록 반으로 자르면 피크닉 준비 완료예요!

- 통조림 참치 2캔(300g)
- 토마토 1개
- 식빵 4장
- 양배추 2장
- 버터 ½숟가락
- 머스터드소스 2숟가락

양념 재료

- 마요네즈 3숟가락
- 소금 약간
- 후추 약간
- 레몬즙 ½숟가락

1

참치는 체에 밭쳐 기름을 빼요.

2

양배추는 큼직하게 썰고 토마토는 통썰기 해요.

3

볼에 양념 재료, 참치, 양배추를 넣고 섞어 참치샐러드를 만들어요.

4

달군 팬에 버터를 녹이고 식빵을 중불에서 앞뒤로 노릇하게 구워요.

5

구운 식빵 한쪽 면에 머스터드소스를 바른 후 참치샐러드, 토마토, 식빵 순으로 올려 완성해요.

바삭한 시리얼을 품은 인생 토스트

시리얼 토스트

🍚 1인분 | ⏱ 10분

촉촉한 토스트 안에 바삭한 시리얼을 품고 있어요. 바삭바삭 먹는 소리까지 맛있는 메뉴죠.
불을 세게 하면 시리얼이 금방 탈 수 있으니 불 조절에 유의해주세요.
바삭하고 고소한 인생 토스트를 만날 수 있을 거예요.

- 식빵 2장
- 시리얼 2종이컵
- 달걀 2개
- 우유 2숟가락
- 설탕 ½숟가락
- 소금 약간

1

식빵을 2등분 해요.

2

지퍼백에 시리얼을 넣어 밀대로 가볍게 부숴요.

3

볼에 달걀을 풀고 우유, 설탕, 소금을 넣어
섞어요.

4

달걀물에 식빵을 앞뒤로 적신 뒤 부순
시리얼을 묻혀요.

5

달군 팬에 식용유를 약간 두르고 식빵을
중약불에서 앞뒤로 노릇하게 익혀 완성해요.

바쁜 아침에 아침 챙겨 먹기 쉽지 않죠.
휘리릭 갈아 건강주스 한 잔 마시고 나가세요.
든든해서 아침 식사 대용으로 손색 없어요.

면역력 업! ①
사과당근 주스

🍳 재료

* 당근 1개
* 사과 1개
* 얼음 ½종이컵
* 물 1종이컵
* 꿀 2숟가락

1 당근과 사과는 껍질을 벗겨 한입 크기로 썰어요.

2 믹서기에 모든 재료를 넣고 갈아요.

영양 가득 한 잔!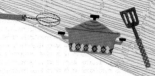

토마토주스

 재료

- 토마토 2개
- 꿀 1숟가락
- 얼음 1종이컵

1 토마토는 꼭지를 제거하고 한입 크기로 썰어요.

2 믹서기에 모든 재료를 넣고 갈아요.

해장 음료로 굿!

배주스

재료

- 배 1개
- 물 1종이컵
- 꿀 2숟가락
- 얼음 ½종이컵
- 레몬 ½개

1 배는 껍질을 벗겨 한입 크기로 썰어요.

2 믹서기에 모든 재료를 넣고 갈아요.

야식 요리

다이어트 걱정은 이제 그만,

밤이어서 더 맛있는 야식 요리 대 방출! 집에 있는 간단한 재료로

뚝딱뚝딱 만드는 야식 레시피를 공개합니다.

자고 싶지만 떡볶이는 먹고 싶어

국물
떡볶이

🍜 2인분 | ⏱ 30분

달고, 짜고, 맵고, 쫀득한 걸 다 갖추고 있는 떡볶이는 야식에서 빼놓으면 섭섭한 메뉴죠.
아무리 잠이 온다고 해도 한 번 '먹고 싶다'는 생각을 한 순간 더 이상 잠들 수는 없어요.
그렇다면 만들어야죠. 다시마를 끓인 물에 양념장을 넣고 풀어준 뒤 떡이든 어묵이든 모두 넣고
한소끔만 끓여주면 완성! 떡볶이와 함께 꿀맛 같은 시간을 보낸 후 행복하게 잠드세요.

- 떡볶이 떡 2종이컵
- 사각 어묵 3장
- 대파 1대
- 다시마 2장
- 물 3종이컵

양념 재료

- 고추장 2+½숟가락
- 고춧가루 1숟가락
- 올리고당 1+½숟가락
- 설탕 2숟가락
- 간장 1숟가락

1

사각어묵은 8등분 하고 대파는 어슷 썰어요.

2

tip 물이 끓으면 다시마를 건져야 텁텁하지 않아요.

냄비에 물 3종이컵과 다시마를 넣고 중불에서 한소끔 끓여요.

3

양념 재료를 넣고 푼 후 떡볶이 떡,
사각 어묵을 넣고 떡이 말랑해질 때까지
중불에서 한소끔 끓여요.

4

어슷 썬 대파를 넣고 한소끔 끓여 완성해요.

심야의 달콤한 유혹

고구마 맛탕

🍚 2인분 ⏱ 30분

야심한 시각, 달달한 것이 마구 당길 때가 있죠. 그렇다고 삶은 고구마처럼 퓨어한 음식은 싫다면
고구마를 변신시켜야죠. 고구마를 기름에 튀기고 올리고당과 설탕을 졸여 만든 소스에 마구 섞어주면
바삭바삭하고 달콤한 고구마 맛탕이 완성됩니다. 이럴 때 칼로리 걱정은 내일의 저편으로
밀어 넣기로 해요. 이미 우리 입은 맛탕의 고소하고 달콤한 유혹에 넘어갔을 테니까요.

- 고구마(중간 크기) 4개
- 검은깨 1숟가락

양념 재료

- 설탕 3숟가락
- 올리고당 2숟가락
- 물 2숟가락

1

> tip 고구마를 찬물에 담가주면 전분기가 제거돼요.

고구마는 껍질을 제거하고 한입 크기로 썬 후 찬물에 담가 건져요.

2

> tip 고구마를 전자레인지에 돌리면 조리 시간이 단축돼요.

키친타월로 고구마의 물기를 제거하고 전자레인지에 2분간 돌려요.

3

팬에 식용유를 넉넉히 붓고 온도 170도가 되면 고구마를 노릇하게 튀겨요.

4

> tip 양념은 끓을 때까지 젓지 말아야 뭉쳐지지 않아요.

팬에 양념 재료를 넣고 중약불에서 끓으면 튀긴 고구마를 넣고 섞다가 불을 끄고 검은깨를 뿌려 완성해요.

추억의 간식, 어릴 적 맛 그대로

떡꼬치

🍚 4인분   ⏱ 20분

어린 시절 초등학교 앞에서 먹었던 바로 그 떡꼬치예요. 내 식욕이 기억하는 그 맛을 만들어보세요.
새콤달콤 매콤한 추억의 맛을 소환해낼 수 있어요. 바삭바삭 고소한 맛을 즐기려면
떡을 노릇노릇하게 튀겨주면 됩니다. 쫄깃쫄깃 씹히는 맛이 그만이라 입이 출출한 심야에 제격이죠.

· 떡볶이 떡 20개(300g)

양념 재료

· 고추장 1숟가락
· 케첩 3숟가락
· 간장 ½숟가락
· 설탕 ½숟가락
· 올리고당 2숟가락
· 다진 마늘 ½숟가락
· 통깨 약간

> **tip** 떡이 딱딱하다면 끓는 물에 1~2분간 데친 후 물기를 제거해서 사용해요.

1

떡볶이 떡은 꼬치에 5개씩 꽂아요.

2

볼에 양념 재료를 넣고 양념장을 만들어요.

3

달군 팬에 식용유를 넉넉히 붓고 중불에서 떡을 앞뒤로 바삭하고 노릇하게 튀겨요.

4

튀긴 떡꼬치에 양념장을 발라 완성해요.

느끼함 따윈 싸악~ 잊어버린!

비빔만두

🍚 2인분　⏱ 30분

냉동만두와 몇 가지 자투리 채소로 만들 수 있는 야식이에요. 매콤새콤한 채소와 함께 먹으면
만두의 느끼함을 싸악 잡을 수 있죠. 갖은 채소가 어우러져 아삭거리는 식감까지 맛있는 요리예요.
만두는 언제, 어떻게 먹어도 진리지만 이 요리야 말로 출출한 밤에 딱이죠. 야식집마저 문을 달았다고
슬퍼할 이유 없이 간단하게 맛있게 쏙싹. 이런 게 사는 낙이고 기쁨 아닐까요?

- 냉동만두 8개
- 양배추 2장
- 오이 ¼개
- 양파 ½개
- 깻잎 5장

양념 재료

- 고추장 2숟가락
- 고춧가루 1숟가락
- 식초 2숟가락
- 설탕 1숟가락

1

양배추, 양파, 오이, 깻잎은 얇게 채 썰어요.

2

볼에 양념 재료를 넣고 양념장을 만들어요.

3

팬에 식용유를 두르고 만두를 중불에서
노릇하게 구워요.

4

tip 매운맛을
좋아하시면 청양고추를
송송 썰어 넣어요.

볼에 채소(①)와 양념장(②)을 넣어 버무려요.

5

그릇에 양념한 채소무침과 구운 만두를 올려
완성해요.

낮에도 먹고 싶고 밤에도 먹고 싶어

순대볶음

🥣 3인분 ⏱ 30분

눈꺼풀이 감기는 야밤에 순대볶음이 생각났다면 과감하게 이부자리를 털고 일어나기로 해요.
머릿속에서 이미 시작된 깻잎과 당근과 들깨가루와 순대의 향연을 멈추기란 어려운 일이니까요.
이 요리의 포인트는 채소들을 센 불에서 볶아서 식감을 살려주는 거예요. 순대와 양념을 넣은 후에는
약간의 물을 넣어야 양념이 촉촉하게 밴 순대볶음을 완성할 수 있죠.
순대볶음 냄새에 술 한잔 기울이고 싶어질지도 모르겠네요.

- 순대 2팩(400g)
- 양배추 ¼개
- 양파 ½개
- 당근 ¼개
- 깻잎 10장
- 대파 1대
- 청양고추 1개
- 떡국떡 ½종이컵
- 물 1종이컵
- 다진 마늘 1숟가락
- 들깻가루 2숟가락
- 통깨 약간

양념 재료

- 고추장 2숟가락
- 고춧가루 4숟가락
- 간장 1숟가락
- 굴소스 1숟가락
- 청주 1숟가락
- 매실액 1숟가락
- 다진 마늘 1숟가락
- 후추 약간

1

순대는 10분간 쪄서 한입크기로 썰어요.

2

양배추은 한입 크기로 썰고 양파, 당근, 깻잎은 채 썰고 대파와 청양고추는 송송 썰어요.

3

볼에 양념 재료를 넣고 양념장을 만들어요.

4

달군 팬에 식용유를 넉넉히 두르고 다진 마늘을 중불에서 30초 정도 볶아요.

5

마늘 향이 올라오면 양배추, 양파, 당근을 넣고 센 불에서 볶아요.

6

양파가 투명해지면 순대, 떡국떡, 청양고추, 대파, 양념장, 물 1종이컵을 넣고 잘 섞이도록 중불에서 1분 정도 볶아요.

7

채 썬 깻잎과 들깻가루를 넣어 섞은 후 불을 끄고 통깨를 뿌려 완성해요.

233

맛있어서 꿀떡꿀떡

단짠꿀떡

🍚 2인분 | ⏱ 30분

출출한 밤, 냉장고를 열어도 먹을 게 아무 것도 없을 때 좌절하지 마세요. 냉장고 어귀에 있는
떡국 떡 하나로 달콤하고 짭조름한 꿀떡을 완성할 수 있어요.
만드는 법도 아주 쉬워요. 프라이팬에 떡을 구운 다음에 양념장을 섞어주기만 하면 끝!
달고 짭조름하고 쫄깃쫄깃한 맛에 꿀떡꿀떡 먹게 될 거예요.

- 떡국 떡 2종이컵
- 검은깨 1숟가락

양념 재료

- 꿀 4숟가락
- 간장 2숟가락
- 참기름 1숟가락

1

떡국 떡은 물에 5~10분간 불린 후
키친타월로 물기를 제거해요.

2

볼에 양념 재료를 넣고 양념장을 만들어요.

3

달군 팬에 식용유를 두르고 떡국떡을 넣어
중불에서 노릇하게 구워요.

4

양념장을 넣어 30초 정도 잘 섞은 후 불을
끄고 검은깨를 뿌려 완성해요.

그냥 잡채도 맛나지만 야식으로는 매콤한 게 최고!

김치
볶음잡채

🍚 2인분 | ⏱ 10분

손이 많이 가는 잡채와 달리 간편하게 만들 수 있어요. 양파와 김치만 쫑쫑 썰으면
요리의 반 이상은 해결된 셈이죠. 출출한 밤에 간편하게 잡채를 맛볼 수 있다는 점이 큰 메리트예요.
양이 부족하다 싶으면 밥 위에 얹어서 김치볶음잡채밥으로 먹어도 아주 좋답니다.

- 김치 1종이컵
- 당면 1줌(100g)
- 양파 ¼개
- 통깨 약간

양념 재료

- 간장 1숟가락
- 고춧가루 ½숟가락
- 올리고당 1숟가락
- 참기름 1숟가락
- 후추 약간

1

당면은 찬물에 20~30분간 불려요.

2

양파는 채 썰고 김치는 송송 썰어요.

3

팬에 식용유를 약간 두르고 채 썬 양파를
중불에서 살짝 볶아요.

4

양파가 반쯤 투명해지면 김치를 넣고
중불에서 볶아요.

5

양파와 김치가 볶아지면 불린 당면을 넣고
당면이 투명해질 때까지 볶아요.

6

양념 재료를 넣고 중불에서 30초 정도
볶은 후 불을 끄고 참기름, 통깨를 뿌려
완성해요.

꼬치 중에 으뜸은 단연 닭꼬치

데리야끼소스 닭꼬치

🍚 4인분 | ⏱ 30분

심야 간식으로 이만한 게 없죠. 간장, 맛술, 올리고당을 적절한 비율로 섞으면 시중에 파는 것과
똑같은 데리야끼소스를 만들 수 있어요. 맛깔 나 보이게 만들고 싶다면 고기를 망치로 두드리거나
칼집을 넣어주세요! 미리 고기에 양념을 재워두거나 커피가루를 살짝 넣어도 그만이죠.
하나 먹고, 두 개 먹고, 세 개 먹어도 맛있는 꼬치 완성이에요!

- 닭가슴살 ½팩(250g)
- 대파 2+½대
- 맛술 1숟가락
- 소금 약간
- 후추 약간

소스 재료

- 간장 5숟가락
- 맛술 2숟가락
- 올리고당 3숟가락

1

닭가슴살을 칼등이나 고기망치로 두드린 후 맛술, 소금, 후추를 넣어 버무려요.

2

대파와 밑간 한 고기는 사방 3cm 길이로 썰어요.

3

나무 꼬치에 대파, 닭고기 순서로 끼워요.

4

팬에 소스 재료를 넣고 중불에서 ½ 정도가 되도록 졸여요.

5

다른 팬을 달구어 식용유를 약간 두르고 닭꼬치를 올려 중불에서 반 정도 익혀요.

6

반 정도 익힌 닭꼬치에 소스를 발라가며 약불에서 소스가 졸여질 때까지 익혀 완성해요.

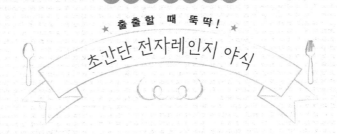

마성의 소스에 치킨너깃을 콕!
양념치킨너깃

🍳 **재료** 냉동 너깃 1봉지

📋 **양념 재료** 물 ½종이컵, 물엿 5숟가락, 다진마늘 ½숟가락, 고춧가루 1숟가락, 케첩 1숟가락, 고추장 2숟가락, 다진 견과류 4숟가락(선택)

1 팬에 식용유를 붓고 달궈지면 냉동 너깃을 3~4분 튀겨내요.

2 볼에 양념 재료를 넣고 전자레인지에 4~5분간 돌린 후 다진 견과류를 넣고 섞어요.

3 ②에 너깃을 넣고 잘 버무려요.

②

전자레인지로 떡을?
전자레인지 인절미

재료 찹쌀가루 2종이컵, 따뜻한 물 1종이컵, 소금 1/6숟가락, 설탕 1숟가락, 볶은 콩가루 ½종이컵

1 전자레인지용 그릇에 찹쌀가루와 따뜻한 물을 넣고 익반죽해요.

2 랩으로 덮어 구멍을 뚫고 전자레인지에 넣은 뒤 2분간 익히고 꺼내어 수저로 치대요. (2번 반복)

3 손에 참기름을 바르고 떡 모양을 낸 후 콩가루를 묻혀요.

4 먹기 좋은 크기로 썰어요.

가볍게! 폼 나게! 스타일리시하게!

브런치 &
샐러드 요리

분위기에 반하고 맛에 반하는 오감 만족 요리! 카페에 온 듯,
브런치 가게에 온 듯 주말을 멋스럽게 만들어줄 요리 레시피를 공개합니다.

또띠아로 만드는 초간단

퀘사디아

🍽 2인분 | ⏱ 20분

또띠아만 있으면 뚝딱 만들 수 있어요. 집에 있는 채소와 햄을 볶아 넣기만 하면 끝!
브런치 중에서도 진짜 간단하게 만들 수 있는 메뉴죠. 돼지고기나 닭고기를 넣어도 맛있고,
다이어트 중이라면 채소만 넣어도 충분해요. 올리브나 아보카도 등 이국적인 재료를 넣어도 잘 어울리죠.
개인 맞춤식으로 만들 수 있다는 게 이 요리의 가장 큰 매력이에요.

- 또띠아 2장
- 양파 ¼개
- 피망 ¼개
- 통조림 햄 ⅓개
- 피자치즈 1종이컵

소스 재료
- 토마토소스 ½종이컵
- 후추 약간

1

양파, 피망, 통조림 햄은 작게 다져요.

2

달군 팬에 식용유를 약간 두르고 ①을 넣어 중불에서 1분 정도 볶아요.

3

양파가 투명해지면 소스 재료를 넣고 잘 섞이도록 1분 정도 볶아요.

4

또띠아에 피자치즈, 볶은 재료(③), 피자치즈 순으로 올린 후 반으로 접고 팬에 또띠아를 중약불에서 앞뒤로 노릇하게 구워 완성해요.

몸을 가볍게 만들고 싶을 때

연두부
샐러드

🍚 1인분 | ⏱ 10분

연두부는 목 넘김이 좋고 속도 편하게 만들어주어서 가볍게 먹기 좋아요. 꼭 다이어트 중이 아니라도,
한 끼 정도 가볍게 해결하고 싶을 때 별다른 재료 없이도 맛있게 먹을 수 있어요.
두부마니아들이 특히나 좋아할 만한 메뉴죠.

- 연두부 1모(250g)
- 어린잎 채소 ½팩(25g)
- 빨강 파프리카 ⅛개
- 양파 ⅛개

소스 재료

- 간장 1+½숟가락
- 식초 ⅔숟가락
- 설탕 ½숟가락
- 다진 마늘 ½숟가락
- 참기름 ¼숟가락
- 통깨 약간

1

빨강 파프리카와 양파는 다져요.

2

볼에 ①과 소스 재료를 넣고 섞어요.

3

연두부 위에 어린잎 채소를 올린 후 소스를
부어 완성해요.

참을 수 없는 존재감 뿜뿜

차돌박이
샐러드

🥣 2인분   ⏱ 20분

샐러드지만 가볍지 않아요. 샐러드보다 훨씬 무거운 존재감을 내뿜기 때문에 손님 접대 요리에
메인 메뉴로 내놓아도 손색이 없어요. 고소한 차돌박이와 새콤달콤한 양념이 더해지니
손이 자꾸만 가는 요리예요. 짧은 시간에 뚝딱 만들 수 있다는 것 또한 큰 장점이죠.

- 차돌박이 ½팩(150g)
- 양파 ½개
- 양상추 1줌(70g)

소스 재료

- 간장 2숟가락
- 올리브유 2숟가락
- 식초 1숟가락
- 설탕 1숟가락
- 다진 마늘 ½숟가락
- 레몬즙 ½숟가락
- 후추 약간
- 통깨 ½숟가락

선택 재료

- 어린잎 채소 ½팩(25g)

tip 양파를 찬물에 담가주면 매운맛이 줄어요.

1

양상추는 한입 크기로 뜯고 양파는 통썰기해 찬물에 10분간 담가 건져요.

2

볼에 소스 재료를 넣고 소스를 만들어요.

3

달군 팬에 차돌박이를 넣고 중불에서 노릇하게 구워요.

4

접시에 양상추, 양파를 깔고 구운 차돌박이, 어린잎 채소를 올린 후 소스를 부어 완성해요.

249

생각보다 간단하고 상상보다 고급스런 맛

봉골레 파스타

🍜 2인분 | ⏱ 20분

자극적이지 않으면서도 고급스러운 오일 파스타의 매력에 빠져보세요. 바지락 하나만으로
충분히 맛있는 육수가 만들어져서 별다른 양념 없이도 훌륭한 맛을 낼 수 있습니다.
화이트와인이 없을 때는 청주나 정종 등을 대신 이용해도 좋아요. 해산물 특유의 비린내를 잡고
풍미를 돋우죠. 조금 익숙해지기만 하면 라면보다 만들기 쉬운 메뉴라고도 할 수 있어요.

- 스파게티 면 2인분(180g)
- 손질된 바지락 2종이컵
- 올리브유 4숟가락
- 다진 마늘 ½숟가락
- 페페론치노 4개
- 화이트와인 ¼종이컵
- 바질가루 약간
- 소금 약간

1

tip 제품에 따라 면 삶는 시간이 다르니 포장지에 적힌 조리법을 확인해요.

끓는 물에 소금을 약간 넣고 스파게티 면을 8분간 삶아 체에 밭쳐요.

2

달군 팬에 올리브유 4숟가락을 두르고 다진 마늘을 중불에서 30초 정도 볶아요.

3

마늘 향이 올라오면 페페론치노와 손질된 바지락을 넣어요.

4

센 불에서 화이트와인을 붓고 뚜껑을 닫아 바지락이 입을 벌릴 때까지 익혀요.

5

tip 중간에 뻑뻑하다면 면수를 넣어요.

스파게티 면, 소금을 넣고 센 불에서 빠르게 30초 정도 볶은 후 바질가루를 뿌려 완성해요.

버터 향이 솔솔

크루아상
샌드위치

🍚 3인분 | ⏱ 30분

버터 향이 솔솔 나는 크루아상은 빵 자체로도 충분히 맛있어요. 거기에 갖은 채소와 치즈, 맛살을 넣으니
맛이 없을 수 없죠. 모양은 또 어떻고요. 소라 모양의 빵에 갖은 채소를 담은 모양새가 먹기 전부터 눈을
호강시켜 줘요. 예쁜 바구니에 담아 날씨 좋은 날 근처 공원으로 떠나는 건 어때요?

- 크루아상 3개
- 맛살 5줄
- 오이 ½개
- 토마토 1개
- 로메인 상추 3장
- 슬라이스치즈 3장
- 허니머스터드소스 2숟가락

소스 재료

- 마요네즈 3숟가락
- 설탕 ½숟가락
- 소금 약간
- 후추 약간

1

오이는 어슷 썰고 토마토는 통썰기 해요.

2

맛살은 결대로 찢은 후 소스 재료와 섞어요.

3

반으로 칼집을 낸 크루아상 안에 허니머스터드소스를
양쪽 면에 바르고 로메인 상추, 슬라이스치즈, 토마토,
오이, 맛살 순으로 올려 완성해요.

칼로리는 낮고 맛은 좋아 인기 최고!

훈제 연어샐러드

2인분 | 10분

친구들과 포트럭파티를 열어본다고 가정해보세요. 어떤 음식을 가져가야 모두에게 사랑받을 수 있을까요?
훈제연어샐러드는 이럴 때 딱 어울리는 메뉴예요. 누구나 좋아하고, 칼로리도 높지 않아서 환영받죠.
심지어 10분 만에 만들 수 있으니 가히 최고라고 할 수 있어요. 다가오는 주말, 친구들에게
포트럭파티 한 번 제안해보는 건 어때요?

- 훈제연어 1팩 (180g)
- 양상추 ¼개
- 어린잎 채소 ½팩 (25g)

소스 재료

- 마요네즈 2숟가락
- 꿀 1숟가락
- 다진 양파 2숟가락
- 후추 약간
- 레몬즙 ½숟가락

1

양상추는 한입 크기로 뜯고 훈제연어는
먹기 좋은 크기로 썰어요.

2

접시에 양상추, 어린잎 채소를 깔고
훈제연어를 올려요.

3

볼에 소스 재료를 넣고 소스를 만들어요.
훈제연어 위에 소스를 뿌려 완성해요.

햄과 치즈가 식빵 속에 쏘옥

몬테크리스토
샌드위치

🍲 1인분   🕐 15분

크로크무슈라고도 알려진 샌드위치예요. 햄과 치즈를 넣은 샌드위치를 도시락으로 가져갔다가
난로 위에서 치즈가 녹으며 겉은 바삭하고 속은 촉촉한 샌드위치가 만들어진 데서 비롯되었죠.
햄과 치즈만 있다면 충분히 맛깔스러운 메뉴예요. 단면을 자르면 살짝 녹은 치즈와
햄 겹겹이 보이면서 훨씬 먹음직스럽게 보인답니다.

- 식빵 3장
- 슬라이스 햄 2장
- 체다슬라이스치즈 2장
- 딸기잼 2숟가락
- 머스터드소스 2숟가락
- 버터 1숟가락
- 달걀 1개

1

식빵은 테두리를 잘라요.

2

식빵 한쪽 면에 머스터드소스를 바른 후 슬라이스햄, 체다슬라이스치즈를 올려요.

3

다른 식빵에 딸기잼을 바른 후 잼이 발라진 면을 체다슬라이스치즈와 맞닿게 덮어요.

4

③에 ②, ③ 과정을 한 번 더 반복해요.

5

볼에 달걀을 푼 후 ④를 넣어 달걀물을 골고루 묻혀요.

6

달군 팬에 버터를 넣어 중약불에서 녹이고 식빵을 노릇하게 구워 완성해요.

다이어트 중에도 예쁘게! 맛있게! 건강하게!

가지말이
샐러드

🍜 4인분   ⏱ 30분

아무리 다이어트 중이라고 해도 제대로, 예쁘게 만들어 먹어요. 이 요리의 모든 재료가 다이어트를 돕는데요.
수분 함량이 90% 이상인 가지도 그중 하나입니다. 이 요리에서 가장 신경 써야 할 것이 있다면
바로 '가지 굽기'예요. 너무 오래 구우면 물이 생겨 흐물거리고, 너무 짧게 구우면 돌돌 말기 어렵죠.
젓가락으로 눌러서 스폰지처럼 들어갈 때가 굿 타이밍! 건강에도 다이어트에도 좋은 가지 요리 만들어봐요.

- 가지 3개
- 삶은 닭가슴살 1개
- 빨강 파프리카 1개
- 노랑 파프리카 1개
- 어린잎 채소 1팩(50g)

소스 재료

- 올리브유 3숟가락
- 간장 1숟가락
- 다진 마늘 ½숟가락
- 소금 약간
- 후추 약간
- 통깨 약간

tip 닭가슴살을 삶기 어렵다면 통조림 닭가슴살을 이용하세요.

1

빨강 파프리카, 노랑 파프리카는 채 썰고
가지는 길게 0.5cm 두께로 썰고,
삶은 닭가슴살은 길게 썰어요.

2

달군 팬에 식용유를 약간 두르고 얇게 썬
가지를 앞뒤로 노릇하게 구워요.

3

구운 가지 위에 빨강 파프리카,
노랑 파프리카, 삶은 닭가슴살, 어린잎 채소를
올리고 돌돌 말아요.

4

볼에 소스 재료를 넣어 소스를 만들고
가지말이샐러드 위에 뿌려 완성해요.

와인바 부럽지 않은 고퀄 비주얼

토마토
카프레제

🍽 4인분 ⏱ 15분

가벼운 와인 안주로 그만이에요.
하얀 생 모차렐라치즈와 새빨간 토마토를 반쯤 겹쳐 놓으면
와인바 부럽지 않은 훌륭한 비주얼이 탄생하죠. 테이블보 하나 깔고 예쁜 그릇에
멋스럽게 플레이팅해 보세요. 와인은 분위기로 먹는 술이기도 하니까요.

- 토마토 2개
- 생 모차렐라치즈 2개
- 소금 약간
- 후추 약간

소스 재료
- 시판 발사믹소스 ½종이컵
- 다진 양파 1숟가락

선택 재료
- 어린잎 채소 ⅓팩 (15g)

1 토마토, 생 모차렐라치즈는 통 썰기 해요.

2 토마토와 생 모차렐라치즈에 소금과 후추를 뿌려 밑간 해요.

3 볼에 소스 재료를 넣고 소스를 만들어요.

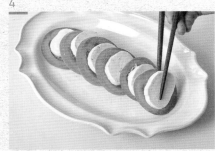

4 접시에 토마토, 생 모차렐라치즈를 번갈아가며 놓아요.

5 그 위에 어린잎 채소를 올리고 소스를 뿌려 완성해요.

고소한 달걀이 감싸 안은 맛

브로콜리 새우오믈렛

🍚 2인분 | ⏱ 30분

브로콜리와 새우, 베이컨이 고소한 달걀과 만나면 든든하고 맛있는 브런치를 만들 수 있죠.
처음부터 완벽한 모양에 욕심을 낼 필요는 없어요. 초보자라면 단번에 갓 구운 빵처럼 노랗고 부드럽고
완만한 모양새의 오믈렛을 만들 수는 없거든요. 이 레시피는 모양을 보장해줄 수는 없지만
맛은 확실히 보장해요.

- 칵테일새우 1종이컵
- 브로콜리 1종이컵
- 베이컨 1장
- 달걀 3개
- 우유 3숟가락
- 파마산 치즈가루 1숟가락
- 소금 약간
- 후추 약간

1

브로콜리, 베이컨은 한입 크기로 썰어요.

2

볼에 달걀을 넣어 풀어준 뒤 체에 걸러요.

3

달걀물에 우유, 파마산 치즈가루, 소금, 후추를 넣어 섞어요.

4

달군 팬에 식용유를 약간 두르고 베이컨, 브로콜리, 새우 순으로 각각 30초 정도 볶아 건져요.

5

달군 팬에 식용유를 두르고 중불에서 달걀물을 부어 젓가락으로 저어요.

6

tip 샐러드와 곁들여 먹으면 좋아요.

달걀물이 반쯤 익으면 중약불로 놓고, ④를 넣은 후 반으로 접어 익혀 완성해요.

① 농약 걱정 없이 깨끗하게!
샐러드 채소 세척법

1 물 5종이컵에 식초를 풀어 식초물을 만들어요.
   tip 식초물에 담가주면 살균 효과가 있어요.

2 샐러드 채소를 5분간 담근 후 물에 2~3번 헹궈요.

② 오랫동안 싱싱하게!
샐러드 채소 보관법

1 샐러드 채소를 씻은 후 물기를 제거해요.
   tip 물기를 제거해야 덜 물러져요.

2 밀폐용기에 키친타월, 샐러드 채소 순으로 겹겹이 쌓은 후 뚜껑을 닫아 냉장 보관해요.
   tip 샐러드 채소는 금방 물러져 가급적 빨리 먹는 것이 좋아요.

밥보다 빵이 좋아! 식빵, 바게트를 활용한

빵 요리

전국의 빵순이, 빵돌이들의 미각을 만족시켜 줄 빵 레시피를 소개할게요.

오븐 같은 건 필요 없어요. 프라이팬 하나로 뚝딱 만들 수 있는 후다닥 제빵 기술을 살펴볼까요?

달달한 간식이 생각날 때는

식빵 애플파이

🥣 4인분 ⏱ 30분

사과는 먹을 시기를 놓치면 아삭함도 사라지고 맛도 덜하잖아요. 이럴 때 사과를 이용한 베이킹 한 번
해보는 건 어떨까요? 사과를 설탕에 졸여 식빵에 넣고 구우면 오븐이 필요 없는 애플파이 완성이에요.
달달한 간식이 생각날 때 안성맞춤이죠.

- 사과 1개
- 레몬즙 ½숟가락
- 식빵 8장
- 설탕 ¼종이컵
- 계핏가루 ½숟가락
- 달걀 1개

1 사과는 껍질을 벗기고 작게 깍둑 썰어요.

2 팬에 깍둑 썬 사과와 설탕을 넣고 버무린 뒤 물기가 생기면 레몬즙을 넣고 중약불로 익혀요.

3 물기가 졸아들면 계핏가루를 넣고 섞은 뒤 불을 끄고 한 김 식혀요.

4 식빵은 밀대로 밀고 테두리를 잘라요.

tip 포크로 눌러주면 모양을 잡기 쉬워요.

5 식빵 중앙에 사과조림(③)을 올리고 달걀물을 식빵 가장자리에 바른 뒤 반으로 접어 눌러요.

6 중앙에 'X' 모양으로 칼집을 내요.

tip 칼집을 낸 부분으로 사과즙이 빠져나올 수 있으니 칼집을 내지 않은 면부터 구워요.

7 달군 팬에 식빵애플파이를 약불에서 앞뒤로 노릇하게 구워 완성해요.

269

목 넘김이 부드러운

감자샐러드
샌드위치

🍽 4인분 | 🕐 30분

샌드위치계의 정석이라고 할 수 있죠. 식빵과 어우러짐이 좋고 부드럽게 넘어가
먹어도 또 먹고 싶은 마성의 샌드위치예요. 감자와 계란을 삶고 으깨고, 채소까지 다져야 하니
조금 손이 간다고도 할 수 있을 텐데요. 그 수고로움 이상의 맛으로 보상을 해주니
주말에 한 번쯤 도전해볼 만한 요리라고 할 수 있어요.

- 식빵 8장
- 감자(중간크기) 2개
- 달걀 2개
- 양파 ¼개
- 당근 ⅓개
- 슬라이스햄 3장

소스 재료

- 마요네즈 4숟가락
- 설탕 1숟가락
- 소금 약간
- 후추 약간

1

감자, 달걀은 삶아 껍질을 벗기고 양파, 당근, 슬라이스햄은 다져요.

2

식빵은 테두리를 잘라요.

3

삶은 달걀 흰자와 노른자를 분리한 뒤 흰자는 다져요.

4

볼에 삶은 감자와 달걀 노른자를 으깨고 다진 달걀 흰자, 양파, 당근, 슬라이스햄을 넣어 섞어요.

5

④와 소스 재료를 섞어 감자샐러드를 만들어요.

6

식빵에 감자샐러드를 올린 뒤 식빵을 덮어 완성해요.

식빵으로 만드는 노오븐 베이커리

마늘빵

🥣 2인분 | ⏱ 10분

마늘소스가 듬뿍 들어간 마늘빵을 한입 베어 물면 달콤한 마늘향이 입안에서 훅 퍼지잖아요.
이 맛을 집에서, 그것도 오븐 없이, 재현할 수 있어요. 비결은 버터와 설탕이 들어간 마늘 소스예요.
식빵 한쪽 면에 발라 타지 않게 약불에 노릇노릇 구우면 완성! 파스타에 곁들여 먹어도 최고예요.

• 식빵 3장

소스 재료
• 버터 3가락
• 설탕 1숟가락
• 다진 마늘 1숟가락
• 파슬리가루 1숟가락

1

식빵을 3등분 해요.

2

버터를 전자레인지에 30초간 돌려 녹인 후 설탕, 다진 마늘, 파슬리가루를 넣어 섞어요.

3

식빵 한쪽 면에 소스를 발라요.

4

달군 팬에 소스가 묻지 않는 면이 바닥으로 가게 넣은 후 약불에서 앞뒤로 노릇하게 구워 완성해요.

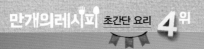

전국 연어 덕후들의 심장을 저격하는

연어
타파스

🍽 4인분 | ⏱ 30분

비주얼이면 비주얼, 맛이면 맛, 어느 하나 뒤지지 않아요. '타파스(tapas)'는 애피타이저를 의미하는
스페인어인데요. 바게트 빵에 크림치즈까지 더해지니 식사나 브런치로도 손색없답니다.
아보카도든, 블루베리든, 채 썬 양파든 기호에 따라 무엇이든 얹어도 좋아요.
연어 덕후들의 취향을 저격하는 요리죠.

- 훈제연어 슬라이스 1팩(180g)
- 바게트 ⅔개
- 꿀 약간
- 발사믹드레싱 약간

소스 재료

- 크림치즈 4숟가락
- 플레인 요거트 1통(80g)

선택 재료

- 파슬리가루 약간

1

바게트를 어슷 썬 후 달군 팬에 넣고 중약불에서 앞뒤로 노릇하게 구워요.

2

볼에 소스 재료를 넣어 소스를 만들어요.

3

구운 바게트 위에 소스를 바른 후 훈제연어 슬라이스를 올려요.

4

꿀, 발사믹 드레싱, 파슬리가루를 뿌려 완성해요.

네 가지 재료로 만드는 초간단 식빵 요리

식빵 츄러스

🍚 2인분 ⏱ 15분

놀이공원에서 먹었던 츄러스를 집에서 재현해봐요. 오븐은 필요 없어요. 버터를 녹인 프라이팬에 식빵을
노릇하게 구워 계핏가루와 설탕을 묻히면 끝! 고소하고 달콤한 츄러스 맛을 낼 수 있답니다.
오직 네 가지 재료로 만들 수 있는 초간단 식빵 요리 완성이이에요!

- 식빵 3장
- 버터 2숟가락
- 설탕 ½종이컵
- 계핏가루 1숟가락

1

식빵은 테두리를 자르고 1.5cm 두께로 길게 썰어요.

2

달군 팬에 버터를 녹이고 중약불에서 식빵을 노릇하게 구워요.

3

볼에 설탕, 계핏가루를 넣어 섞어요.

4

노릇하게 구운 식빵에 설탕계핏가루를 묻혀 완성해요.

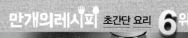

쫄깃쫄깃 꿀떡꿀떡

인절미 토스트

🍚 1인분   ⏱ 15분

냉동실에 오래되어서 손이 잘 가지 않는 인절미가 있다면 당장 꺼내보세요.
인절미를 식빵에 넣고 노릇노릇 구우면 쫄깃쫄깃한 식감이 살아있는 인절미토스트가 된답니다.
콩가루와 아몬드 슬라이스까지 올리면 한 끼 식사로도 훌륭한 메뉴가 되죠.

- 식빵 2장
- 꿀 3숟가락
- 체다슬라이스치즈 1장
- 버터 1숟가락
- 콩가루 2숟가락
- 아몬드 슬라이스 1숟가락
- 인절미 6개

1

식빵 한쪽 면에 꿀을 발라요.

2

꿀을 바른 식빵 면에 체다슬라이스치즈,
인절미 순으로 올리고 꿀을 바른 면이
인절미에 닿게 식빵을 덮어요.

3

tip 구울 때
뚜껑을 닫아줘야
속까지 익어요.

달군 팬에 버터를 녹이고 인절미토스트(②)를
약불에서 앞뒤로 노릇하게 구워요.

4

tip 콩가루를
체에 넣어 뿌리면 예쁘게
뿌려져요.

토스트를 꺼내 4등분 하고 꿀, 콩가루를
뿌린 뒤 아몬드 슬라이스를 올려 완성해요.

식빵에 융단을 깐 듯
달걀 샌드위치

🍚 1인분　⏱ 30분

일본어로 타마고산도라고 불리는 달걀샌드위치는 특유의 촉촉하고 부드러운 맛으로
마니아층을 거느리고 있는데요. 편의점이나 빵집에서 먹었던 달걀샌드위치의 부드러운 맛을 집에서 재현해봐요.
그 비결은 마요네즈! 다지고 으깬 계란에 마요네즈를 섞으면 융단처럼 부드러운 달걀 속을 만들 수 있어요.
간단하고도 퀄리티 있게 만들 수 있으니 꼭 도전해보세요.

- 식빵 2장
- 달걀 2개
- 마요네즈 2숟가락
- 소금 약간
- 후추 약간

1

냄비에 달걀을 넣고 달걀이 잠길 만큼 물을
부어요. 소금을 약간 넣고 15분간 삶은 후
찬물에 담갔다 껍질을 까요.

2

달걀 흰자와 노른자를 분리한 뒤 흰자는
다지고 노른자는 으깨요.

3

볼에 달걀 흰자와 노른자, 마요네즈, 소금,
후추를 넣고 섞어요.

4

달군 팬에 식빵을 넣고 구운 뒤 테두리를
잘라요.

5

식빵에 달걀샐러드(③)를 올리고 식빵을 덮어
완성해요.

만개의레시피 초간단 요리 **8위**

딸기가 좋아

딸기 샌드위치

🍽 1인분 | ⏱ 10분

달콤하고 상큼한 딸기샌드위치를 집에서 만들어보아요. 불을 사용할 필요가 없는 요리예요.
부드러운 생크림과 어우러지도록 촉촉한 식빵 그대로를 이용하는 것이 좋습니다.
딸기샌드위치를 랩으로 싸서 냉장고에 넣어두면 먹음직스럽게 모양이 잡혀요.
편의점에서는 없어서 못 판다는 인기 샌드위치를 집에서 뚝딱 만들어봐요.

- 딸기 9개
- 식빵 2장
- 생크림 ½팩(125ml)
- 설탕 1숟가락

1

딸기는 꼭지를 제거하고 식빵은 테두리를
잘라요.

2

볼에 생크림과 설탕을 넣고 휘핑해요.

3

식빵 위에 생크림을 바른 후 딸기를 올려요.

4

tip 랩으로 감싸
냉장고에 30분 넣어두면
예쁘게 썰어져요.

딸기 위로 생크림을 바른 후 식빵을 덮어
완성해요.

식빵의 대변신

식빵
치즈스틱

🍚 2인분 | ⏱ 15분

식빵의 변신은 무죄! 속은 촉촉하고 겉은 바삭한 식빵치즈스틱이에요. 한입 베어 물면
달콤하고 바삭한 식빵 안으로 사르르 녹아있는 짭조름한 치즈를 맛볼 수 있어요.
맥주 안주로도, 출출할 때 간식으로도 좋은 단짠단짠 메뉴죠.

- 식빵 4장
- 달걀 2개
- 체다슬라이스치즈 3장
- 소금 약간
- 설탕 2숟가락

1

식빵은 밀대로 밀어 납작하게 펴 2등분 하고 체다슬라이스치즈는 길게 4등분 해요.

2

볼에 달걀과 소금을 넣고 풀어요.

3

tip 식빵 끝부분에 달걀물을 묻히면 잘 떨어지지 않아요.

식빵에 체다슬라이스치즈를 올린 후 식빵 테두리 쪽부터 세로로 길게 돌돌 말아요.

4

달걀물에 식빵을 담가 적셔요.

5

달군 팬에 식용유를 약간 두른 뒤 식빵 끝부분이 아래로 가도록 넣고 중약불에서 굴려가며 구워요.

6

식빵이 노릇하게 구워지면 불을 끄고 설탕을 솔솔 뿌려 완성해요.

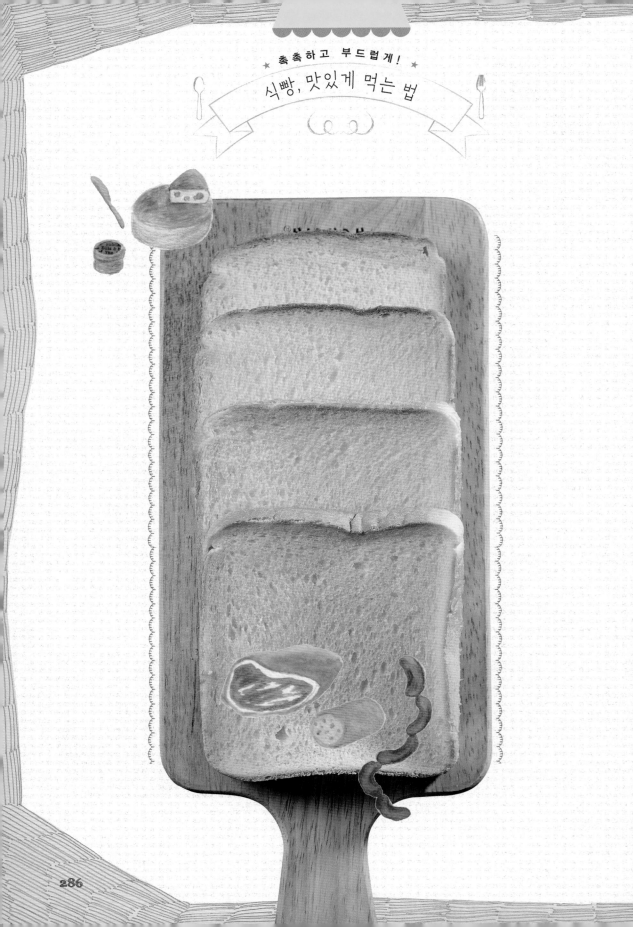

촉촉하고 부드럽게!

식빵, 맛있게 먹는 법

286

 ① 남은 식빵 이렇게 보관해요!

식빵 냉동보관법

1 식빵을 2장씩 종이호일로 감싸고 랩으로 말아줘요.
   tip 한 번 먹을 만큼 2~3장 소분하는 게 좋아요.

2 냉동고에 넣어 보관해요.
   tip 3개월 이내 보관

3 먹기 30분 전에 상온에 꺼내 놓아 해동한 후 드세요.

② 처음 사 먹던 그 식감 그대로!

딱딱한 식빵 부드럽게 만드는 법

방법 ①
1 밀폐용기에 부드러운 식빵과 딱딱한 식빵을 번갈아 담아요.
2 반나절 정도 지나고 꺼내면 딱딱한 빵이 부드러워져요.

방법 ②
1 키친타월에 분무기로 물을 뿌린 후 딱딱한 식빵을 감싸요.
2 전자레인지에 30초간 돌려요.

맛있게 먹기엔 24시간이 모자라

편의점 요리

손쉽게 구해서 창의적인 요리로 대변신!
순댓국부터 시나몬롤까지 무엇을 상상하든 그 이상을 만들어내는
신박한 요리법을 알려드릴게요.

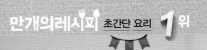

혼자서 치킨이 먹고 싶을 때는

치킨너깃
간장치킨

🍲 2인분 | ⏱ 15분

혼자서 치킨 한 마리를 시키기에 부담스러울 때 제격이에요. 편의점에서 손쉽게 구할 수 있는 치킨너깃으로
치킨집 부럽지 않은 달콤 짭짜름한 간장치킨을 만들 수 있어요. 취향에 맞게 간장이나 설탕을
가감해보세요. 내 입맛에 꼭 맞는 세상에서 하나뿐인 치킨요리를 완성할 수 있답니다.

- 치킨너깃 20개
- 다진 견과류 ⅓종이컵

양념 재료

- 간장 2숟가락
- 설탕 2숟가락
- 올리고당 3숟가락
- 매실액 1숟가락
- 맛술 2숟가락
- 물 3숟가락
- 다진 마늘 1숟가락

tip 냉동 치킨너깃은 미리 꺼내 해동시킨 후 튀겨야 기름이 튀지 않아요.

1

팬에 치킨너깃이 반 정도 잠길 만큼 식용유를 붓고 170도가 되면 치킨너깃을 넣어 중약불에서 앞뒤로 10분간 튀겨요.

2

볼에 양념 재료를 넣고 양념장을 만들어요.

3

팬에 양념장을 넣고 센 불로 한소끔 끓인 후 중불로 줄이고 치킨너깃을 넣어 잘 섞어요.

4

다진 견과류를 넣고 30초간 볶아 완성해요.

만두의 변신은 무죄

만두강정

🍚 2인분　　⏱ 15분

만두를 그냥 먹기 지겨울 때 집에 있는 몇 가지 양념으로 만두를 변신시켜 보아요.
만두를 양념장과 섞어 조리기 때문에 만두를 노릇노릇 굽는 것이 중요한데요.
노릇하게 구워진 만두 표면이 코팅 역할을 해서 겉은 바삭, 속은 촉촉한 요리를
만들 수 있답니다. 다진 견과류를 뿌리면 고소함이 덤으로 따라오지요.

- 물만두 20개
- 다진 견과류 1숟가락

양념 재료

- 케첩 1+½숟가락
- 고추장 ½숟가락
- 올리고당 2숟가락
- 맛술 1숟가락
- 간장 1숟가락
- 다진 마늘 ½숟가락
- 물 1숟가락

1

볼에 양념 재료를 넣고 양념장을 만들어요.

2

달군 팬에 식용유를 두르고 물만두를 넣어 튀겨요.

3

팬에 튀긴 물만두와 양념장을 넣고 약불에서 섞어요.

4

불을 끄고 다진 견과류를 뿌려 완성해요.

스트레스를 날려주는

불족발

🍚 2인분 | 🕐 30분

회사 일로 스트레스 받을 때, 인간관계에 지칠 때 매운 음식이 마구 당기잖아요.
그럴 때는 필히 매운 걸 먹어줘야죠. 편의점 족발에 양념장을 넣고 볶으면 완성되는 간단한 요리예요.
족발이 뜨거워지기도 전에 양념장이 탈 수 있으니 중간에 물을 약간 넣어주는 것이
이 요리의 포인트랍니다. 매콤하고도 쫄깃한 불족발로 스트레스를 날려보아요.

- 편의점 족발 1팩(500g)
- 양파 ½개
- 청양고추 1개

양념 재료

- 고추장 2숟가락
- 고춧가루 2숟가락
- 간장 2숟가락
- 설탕 2숟가락
- 다진 마늘 1숟가락
- 다진 생강 ⅓숟가락

1

양파는 채 썰고 청양고추는 송송 썰어요.

2

족발에 칼집을 넣어요.

3

볼에 양념 재료를 넣고 양념장을 만들어요.

4

볼에 족발, 양파, 청양고추, 양념장을 넣고 버무려요.

5

tip 양념이 쉽게 탈 수 있으니 중간에 물 ¼종이컵을 넣어요.

팬에 양념한 족발(④)을 넣고 양파가 익을 정도로 볶아 완성해요.

295

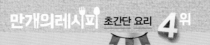

짬뽕라면의 재탄생

크림짬뽕

🍜 1인분 ⏱ 30분

매운 짬뽕 맛이 지겨울 때 새롭게 도전 봐요. 짬뽕라면의 굵은 면발과 크림소스가 어우러지면
파스타면과는 또 다른 쫄깃쫄깃한 식감을 느낄 수 있죠. 크림짬뽕에 들어가는 채소는 필수 재료 이외에
집에 있는 자투리 채소를 활용해도 좋고 기호에 따라 햄이나 베이컨을 넣어도 좋습니다.
국물이 은근히 매력적인 요리랍니다.

- 인스턴트 짬뽕라면 1개
- 애호박 ¼개
- 양파 ½개
- 당근 ⅓개
- 다진 마늘 1숟가락
- 물 1종이컵
- 생크림 2종이컵
- 슬라이스치즈 1장

1

애호박, 양파, 당근을 채 썰어요.

2

달군 팬에 식용유를 두르고 중불에서 다진 마늘을 볶다가 채 썬 애호박, 양파, 당근을 넣고 1분간 볶아요.

3

tip 생크림 대신 우유를 넣어도 좋아요.

채소가 반투명해지면 생크림과 물 1종이컵을 붓고 끓여요.

4

소스가 끓으면 짬뽕라면 스프와 면을 넣고 중약불에서 3분간 익혀요.

5

면이 익으면 불을 끄고 바로 슬라이스치즈를 넣고 섞어 완성해요.

297

편의점 순대의 무한 변신

순댓국

🥣 2인분 ⏱ 30분

인스턴트 순대로 전통 순댓국집 부럽지 않은 순댓국 비주얼을 만들 수 있어요.
시판 사골곰탕에 돼지고기 조금이면 어느 정도 깊은 국물을 우려낼 수 있거든요.
순대와 당면, 송송 썬 대파를 추가하면 건더기 가득한 순댓국 완성!
고소한 맛을 좋아한다면 들깻가루를, 매콤한 맛을 좋아한다면 고춧가루를 더 넣어보세요.

- 시판 사골곰탕 1팩(500g)
- 돼지고기 등심 ⅓팩(100g)
- 순대 ½팩(100g)
- 대파 ⅓대
- 당면 1줌(80g)

양념 재료

- 들깻가루 1+½숟가락
- 고춧가루 약간
- 소금 약간
- 후추 약간

1

대파는 송송 썰고 당면은 잠시 찬물에 불려요.

2

돼지고기 등심은 얇게 썰고 순대는 한입 크기로 썰어요.

3

냄비에 시판 사골곰탕을 붓고 센 불로 가열해요. 끓으면 돼지고기 등심을 넣고 중불에서 5분 이상 끓여 익혀요.

4

뚝배기에 불린 당면, 순대, 대파를 넣고 ③을 부어 중불에서 끓여요.

5

국물이 끓으면 양념 재료를 넣고 한소끔 끓여 완성해요.

자꾸만 손이 가는 핑거푸드

참치 카나페

🍲 4인분 ⏱ 30분

간단한 술안주로도, 출출할 때 간식으로도 좋아요.
몇 번의 칼질만으로 완성되는 쉽고 간단한 요리예요.
맛있게 먹는 비결은 크래커 위에 참치 반죽을 너무 일찍 올리지 않는 거예요.
참치 반죽에 있는 수분이 크래커를 축축하게 만들 수 있기 때문에 먹기 직전에 올려 먹는 것이
최고로 맛있게 즐길 수 있는 방법이죠. 보기에도 좋고 맛도 좋아서 손님 접대 요리에도 좋아요.

- 통조림 참치 1캔(210g)
- 피클 10조각
- 크래커 1팩
- 통조림 옥수수 3숟가락
- 방울토마토 8개
- 마요네즈 5숟가락

1

참치는 체에 밭쳐 기름을 빼요.

2

방울토마토는 2등분 하고 피클은 잘게
썰어요.

3

볼에 기름을 뺀 참치, 통조림 옥수수, 피클,
마요네즈를 넣고 섞어요.

4

크래커 위에 ③을 올리고 방울토마토를 올려
완성해요.

오븐 없이 만드는 고품격 디저트

시나몬롤

🍲 4인분 | ⏱ 60분

호떡믹스로 호떡만 만들 수 있다는 편견은 버려요. 상상력을 조금만 발휘하면 시나몬 향 솔솔 풍기는
시나몬롤을 만들 수 있죠. 이스트와 밀가루를 섞어 반죽하는 것까지는 호떡 레시피와 같고요.
반죽을 돌돌 말아 이어붙인 뒤 2.5cm 두께로 썰면 호떡에서 시나몬롤로 변신 완료! 노릇노릇하게 구워진
시나몬롤에 커피를 곁들여 보세요. 마치 카페에 온 듯 감미로운 향이 온 집안을 맴돌 거예요.

- 시판 호떡믹스 1봉지

크림치즈 아이싱 재료

- 슈가파우더 ½종이컵
- 크림치즈 4숟가락
- 우유 3숟가락

1

tip 시판 호떡믹스의
포장지에 표기된 조리법을
참고하여 반죽을 해요.

따뜻한 물에 이스트를 섞은 후 밀가루와
섞어 반죽해요.

2

반죽을 밀대로 넓게 밀어 편 뒤 호떡믹스에
동봉된 계피설탕가루를 고루 뿌려요.

3

②를 돌돌 말고 반죽 끝을 꼬집어가며 이어
붙인 뒤 2.5cm 두께로 썰어요.

4

달군 팬에 식용유를 두르고 반죽을 굴려가며
중약불로 노릇하게 구워요.

5

tip 짤 주머니가
없으면 지퍼백을
이용해요.

볼에 크림치즈 아이싱 재료를 넣어 섞고
짤 주머니에 넣은 후 끝을 가위로 잘라요.

6

구워둔 시나몬롤에 크림치즈 아이싱을 뿌려
완성해요.

자꾸만 생각나는 마성의 요리

통옥수수 버터구이

2인분 · 15분

옥수수와 버터가 만나면 고소함이 폭발합니다. 포인트는 팬에 버터 양념이 타지 않게
불 조절을 잘 하는 것인데요. 초반부터 너무 불을 세게 하면 버터 양념이 타버려
옥수수에 고소한 맛이 스며들지 않으니 중약불에 살살 굴려 구워보세요.
중독성이 강해 자꾸만 생각나는 페이보릿 요리가 될 거예요.

- 시판 옥수수 2개
- 버터 2숟가락
- 파슬리가루 ¼숟가락
- 파마산치즈가루 ¼숟가락

양념 재료

- 마요네즈 2숟가락
- 설탕 1숟가락
- 소금 약간
- 고운 고춧가루 ⅓숟가락

1

시판 옥수수를 3등분 해요.

2

달군 팬에 버터를 녹이고 양념 재료를 넣어 중약불로 끓여요.

3

양념이 끓으면 시판 옥수수를 넣고 굴려가며 노릇하게 구워요.

4

옥수수가 노릇하게 구워지면 불을 끄고 파마산치즈가루, 파슬리가루를 뿌려 완성해요.

①

편의점 음식 완전체
떡볶이치킨그라탕

🍳 **재료** 편의점 컵떡볶이 1개, 치킨 꼬치 1개, 양파 ¼개, 통조림 옥수수 2숟가락, 피자치즈 ½종이컵

1 양파는 채 썰어요.

2 컵 떡볶이에 떡, 소스, 물을 넣고 전자레인지에 3분간 돌려요.

3 ②채 썬 양파, 물기를 뺀 통조림 옥수수, 치킨, 피자치즈를 올리고
   전자레인지에 2분간 더 돌려 완성해요.

김치, 피자, 탕수육의 환상조합
김피탕

재료 편의점 탕수육 2개, 볶음김치 1팩(80g), 빨강 파프리카 ⅙개, 노랑 파프리카 ⅙개, 양파 ⅛개, 피자치즈 1종이컵, 토마토소스 3숟가락

1 양파, 빨강 파프리카, 노랑 파프리카는 깍둑 썰어요.

2 볼에 탕수육, 볶음김치, 양파, 빨강 파프리카, 노랑 파프리카, 토마토소스를 넣어 섞어요.

3 전자레인지 용기에 ②를 담은 후 피자치즈를 뿌려 전자레인지에 5~7분간 돌려 완성해요.

INDEX: 가나다순

INDEX: 주재료별

INDEX: 주재료 가격순